インプレスR&D [NextPublishing]
OnDeck Books
E-Book / Print Book
Google
しごと検索
×
オウンドメディアの
活用法
広告費ゼロの求人サイトの作り方
石井 英明 著
インターネットを上手に使えば
求人もラクラク!
impress R&D
An Impress Group Company

JN215030

まえがき

広告費をかけてインターネットで募集しても、人手不足が解消しない理由

人材募集に広告費の予算を取り、実際に多大な費用をかけても、なかなか人材を獲得できない。このようなお悩みを持つ中小企業の採用担当の方は多いのではないでしょうか。広告費をかけてインターネットで人材募集をしても、人手不足が解消しない主な理由は2つあります。

1つ目は、求人を出している企業に対して求職者が少ないこと、2つ目は、その広告費を適材適所にかけていないということです。

1つ目の求人を出している企業に対して求職者が少ないというのは、皆さんも感じていると思いますので、もう少し掘り下げて見ていきましょう。

日本の労働人口は減ってきています。有効求人倍率は約1.7倍と言われていて、これはあくまで日本全体の平均で、大手企業は、もしかしたら0.8倍や0.9倍かもしれません。

一方で、日本の会社の9割を占める中小企業や零細企業と呼ばれる会社では、有効求人倍率が5倍や6倍、もしかしたら10倍近くあるというのが現実ではないでしょうか。

例えば5倍なら、求人を出している企業が100社に対して、求職者が20人です。

企業は、40代や30代後半よりも20代の人材を採用したいと思っていますが、20代の労働人口自体が少なくなっているため、取り合いになっています。もしも、有効求人倍率が10倍くらいの業界であれば、募集10社に対して求職者が1人。そこで、広告費をかけたからといって、10社のうちの1社になれるわけではありません。

2つ目の理由に、広告費のかけ方の問題があります。お金をかければ、

人材を獲得できるかというと、そうではありません。欲しい人材のいない所にお金をかけても、無駄になってしまいます。

日本中の企業全体が人材募集を行っているので、求人が溢れている状態です。求職者が求人情報にたどり着いたとしても、少し見て終わっているパターンもあります。情報が多すぎるのと、そこに求職者の求める情報が掲載されていないからです。

ネットの求人媒体に出すだけでお金がかかり、少し見せるために、広告費をかけてずっとサイトに出し続けても応募はしてもらえません。人材というのは、広告費が解決してくれるものではないということです。

人材募集をしている企業が多すぎると、採用単価は高くなります。1人を雇うために、中小企業は、何百万円もかけることはできず、採用単価を5万円や10万円にしたいところです。実は既存のネット求人媒体に掲載する際に掛かる求人広告費は、テレビCMなどの広告費用やネット求人媒体を運営している企業の人件費などが乗っているのが現実です。

各ネット求人媒体も、Indeed、Yahoo!、そしてGoogleに広告を出しています。

それは、既存のネット求人媒体が持つ自身の力だけでは求職者を獲得することができなくなっているからです。

新聞広告やフリーペーパーに載せなくてもインターネット１本で十分な理由

仕事を探すのに、新聞広告やフリーペーパーを見る人は、今はごくわずかです。20代か30代の人材を求めるなら、その年代はインターネットで仕事を探します。

求職者がインターネットで仕事を探しているのだから、求人情報を届ける手段としては、インターネットでというシンプルな考えです。今の環境、今の世の中に合った形態で募集をしていくことが大事ですし、会社の情報をインターネットで発信することにより、最小限のコストで、人材を獲得することが可能です。新聞広告やフリーペーパーにお金をかけても、求職者は見ていません。採用情報は「欲しい人材に見てもらう」ことが大切です。

しかし、中小企業の採用担当の方たちの年齢が高くなっている傾向にあり、最新の採用手法に対応できていないことを感じます。

繰り返しになりますが、欲しい人材が、インターネットで仕事探しをしていれば、求められる採用情報を届けるのは、インターネットが最適です。そこに会社のさまざまな情報を載せて届けることができれば、インターネットだけで十分であり、それが今の時代に合った募集の方法です。

「Googleしごと検索」を制すればインターネットでの採用活動を制す

インターネットを使うとき「検索エンジン」を使わないで、URLを直接入れてサイトを見る人はほとんどいないと思います。今ある「お気に入り」に登録しているサイトも、最初は検索からたどり着いたサイトではないでしょうか。インターネットは、検索結果により、閲覧できるサイトが決まってくるのです。

つまり、インターネットの世界は「Google」などの大手検索エンジンを運営している企業が決めていることになります。ネット求人媒体の大手企業がどんなにすごい会社であったとしても、Googleが「あの会社はダメだ」「あの会社は悪だ」とジャッジをすれば、検索結果には上がってこなくなります。それは、この世から存在が抹殺されることを意味します。極端な話かもしれませんが、検索結果をGoogleなどの検索エンジンを運営している企業が決めている以上、理屈としては成り立ち、可能性はゼロではありません。

今やネット世界は、Google、Apple、Facebook、そしてAmazonの

「GAFA」でできていると言っても過言ではありません。

日本でGoogleしごと検索（※）が2019年1月から開始され、現在は約100カ国でリリースされ、今後も世界中に広がっていくと見られています。Googleしごと検索の強みは、求人掲載が完全無料で検索結果に合った求人情報のみが表示されるところです。

※Googleしごと検索とは、Googleで求人を探す時にさまざまな条件を入力して検索結果を得られる、求人情報に特化したGoogleのサービスです。地域×業種などで検索をすると、自身が検索した位置から近い、検索した条件に該当する求人がレコメンドされます。2017年6月にアメリカでサービスが開始され、日本では2019年1月にリリースされました。

Googleしごと検索に自社の求人サイトを掲載することができれば、無駄な広告費を使わずに、自社の企業文化に合った人材を採用することができます。

Googleしごと検索に自社求人サイトを掲載させるためには、作成した求人サイト内の求人をGoogleに対して、Googleしごと検索に対応した情報だと認識させる構造化データを埋め込む必要があります。

Googleしごと検索に自社求人サイト内の求人を対応させた後に、採用条件の基本情報に加えて、自分の会社はこんなところです、こういう人が集まってこんなふうに仕事をしていますというふうに、会社の文化や制度を発信します。

このようにGoogleしごと検索に自社求人サイトを対応させれば、インターネットで仕事探しをしている自社にマッチした求職者に、自社求人情報を完全無料で確実に届けることができるのです。

「オウンドメディア」とは

インターネットで自身や自社の情報発信をするメディアのことを「オウンドメディア」といいます。例えば、コーポレートサイトや自社の求人専用サイトもオウンドメディアです。自社で運営しているFacebookやTwitterなどのSNSを、自社求人サイトに結びつけアクセスを集約させることも、オウンドメディアなら可能です。

オウンドメディアを使って、Googleしごと検索に対応した形で十分に情報発信をしていれば、採用はインターネットだけで可能になります。実際に弊社がサポートすることにより、10年以上人手不足で困っていた会社が、自社求人サイト上で情報発信をし、Indeed広告とGoogleしごと検索を適切に使い、3カ月で正社員が充足した例もあります。

オウンドメディアでは、やみくもに情報発信をすればいいというものではありません。欲しい人材に向けて、会社の文化、社風、雰囲気、社員が会社のことをどのように感じているかなど、「求職者が知りたい情報」を発信することが大切です。具体的には次のような情報を発信します。

・うちの会社はこんな会社で、こういうよいところがあります。
・専門職の3人に2人が未経験で入社し、今ではみんな結果を出しています。
・会社にはサッカーチームがあり、仕事終わりに練習をやっています。
・OFFも充実した時間を過ごしています。
・1カ月に1回、ランチミーティングがあり、会社に対する要望をフランクに話せる場を設けています。

このような情報発信により、求職者は、会社に入った時に、どのような価値観の人と一緒に、どのように働き、どのような休日をすごして、人生を送れるのかを想像することができます。情報があれば「自分に合っているかもしれない」「こういう会社で働きたい」と感じられ、応募する強い動機になります。つまりマッチングがインターネット上で応募前に既にできているのです。

会社のことを上手くアピールすることができれば、会社が持つ価値観を共有することができる求職者を集めることができます。

求職者が会社を選ぶポイントは、報酬だけでなく、仕事が持つ意義や、社会貢献度、自身の満足感や、達成感、働きやすさなどを求めています。

報酬のためだけではない人が、情報もなく実力主義のような会社に入ってしまうこともあります。すると「ニンジンをぶら下げられて馬車馬のように働かされる会社だ。こんなはずではなかった」と感じてしまうようなミスマッチが起こります。こういったことも、オウンドメディアで会社の情報発信が適切かつ、定期的に行われていれば、防げることなのです。

オウンドメディアの一番のメリットは、「マッチング」で、自社に合った求職者が応募してくることです。求職者を獲得すること自体が困難な現代において、求職者が既に自社の企業文化を理解した上で応募をしてきていることです。これは、両者にメリット以外の何物でもありません。

有効求人倍率が約1.7倍という激しい競争の中で、人材を獲得しようと思うと、会社のアピールは欠かせないことです。それを、「会社のパンフレットに書いてあります」「詳細は会社説明会でご説明します」といっても、会社のパンフレットを受け取ってもらうことも、会社に来てもらうことも困難です。「詳しくはこちらをご覧ください」という1行だけでは、膨大な情報の中から求職者に見つけてもらえる可能性は極めて低いのです。

せっかく会社の名前がネットの求人媒体に出て、求職者が会社のホームページにたどり着いたとしても、採用情報が記載されておらず、お客さまや取引先向けの情報しか掲載されていなければ、すぐに離れてしまいます。

自社の企業文化を理解した求職者を獲得するためには、オウンドメディアで情報発信することが不可欠です。

発信した情報を求職者に届けるためには、Googleしごと検索に自社求人サイトを対応させることが効果的です。

今の時代は、求職者に対して自社求人情報の伝え方や見せ方にインターネットを上手に使う「採用マーケティング」が必須です。また、採用マーケティングは、時代の流れとともに常に変化しています。競争が激しい今の世の中では、Googleしごと検索に対応させたオウンドメディアで、まずは会社の情報を発信することです。それを見た求職者とマッチングが起こり、応募から採用にいたるという流れができるのです。

いかがでしたでしょうか。まずは、Googleしごと検索とオウンドメディアの有効性についてお分かりいただけたことと思います。第1章からは、将来も人材募集に困らなくなる求人サイトの作り方を、詳しく具体的に説明してまいります。

2019年7月

株式会社カスタマ 代表取締役

目次

第1章　将来も人材募集に困らない求人サイトはこう作る

1-1　Googleしごと検索で上位表示させる

1-1-1　Googleしごと検索とは

Googleしごと検索とは、Googleで仕事を探す際に、職種や勤務地などの条件を入力して自身に合った仕事を見つけることができる、求人情報に特化したGoogleのサービスです。2017年6月にアメリカでスタートし、日本にもいつ来るかいつ来るかと言われていた中、ついに2019年1月に日本でもサービスがスタートしました。海外では「Google for Jobs」と言われ、日本においても最初は「Google for Jobs グーグル フォー ジョブズ」と呼ばれていましたが、のちに「Googleしごと検索」と呼ばれるようになりました。現在約100ヶ国以上の国と地域で導入、展開されています。アメリカではGoogle for Jobsがスタートして以来、求人検索の流れが大きく変わっています。

Googleしごと検索を利用できるのは、Google（https://www.google.com/）を使用した検索だけで、Yahoo!（https://www.yahoo.co.jp/）や、Bing（https://www.bing.com/）で、同様の検索をしても、Googleしごと検索は使えません。また、ブラウザがIE（インターネットエクスプローラ）の場合はGoogleを使用しても表示されません。

実際にどのように使うのかを、図を使って説明していきます。

(1)「神奈川 事務 求人」で検索した例

Step 1

https://www.google.comで「神奈川 事務 求人」で検索すると、図1-1のような検索結果が表示されます。

図1-1

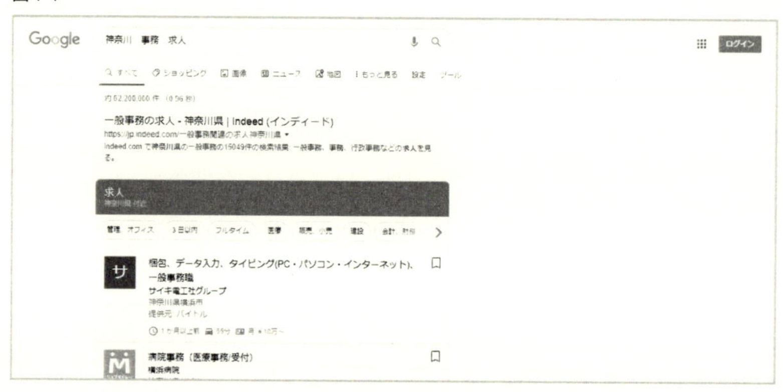

Step 2

図1-1の画面を下にスクロールして、「他100件以上の求人情報」をクリックします。

図 1-2

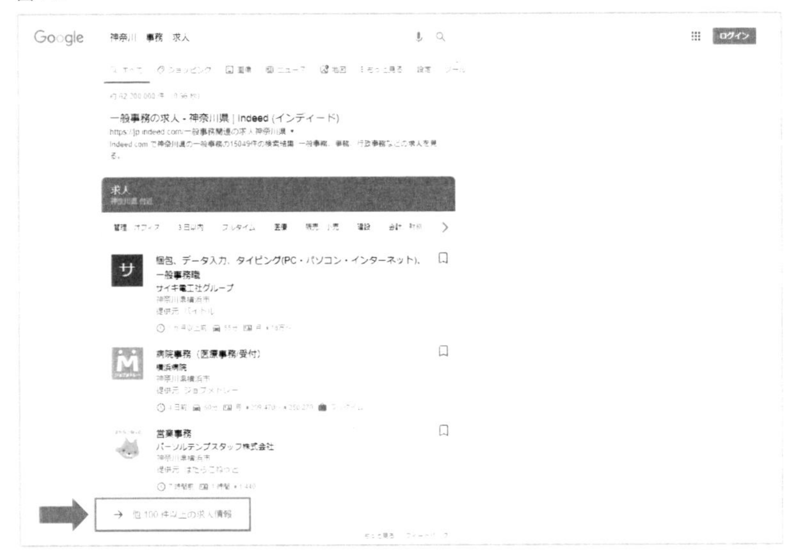

Step 3

Googleしごと検索内で求人の一覧が表示され、画面左の一覧から「パーソルテンプスタッフ株式会社」をクリックすると、画面右に求人情報が表示されます。

・青ボタン

「はたらこねっとで応募」「はたらこindexで応募」などのパーソルテンプスタッフの営業事務の求人を掲載しているサイトのボタンが表示されます。そこをクリックすると、それぞれのネット求人媒体が別タブで開かれます。

図1-3

Step 4

1つの求人情報の中には、口コミも関連付けて表示されます。

図1-4

Googleで「神奈川 事務 求人」という検索が実行されると、Googleは「この人は事務の仕事を探している」と判断し、ネット上の求人情報と口コミを集め、それらをすべて関連付けて整理し、Googleしごと検索で求人情報を表示します。

Googleしごと検索では、キーワードの他にも、カテゴリ、地域、投稿日、雇用形態、そして企業名により、絞り込み検索が可能です。

・カテゴリ

「カテゴリ」をクリックすると、仕事のカテゴリが表示され、業種名や職種名などのカテゴリで絞り込むことができます。

図1-5

・地域

「地域」をクリックすると、検索を実行した地域からの距離や、○○県◇◇市といった地域名で選ぶことができます。

図1-6

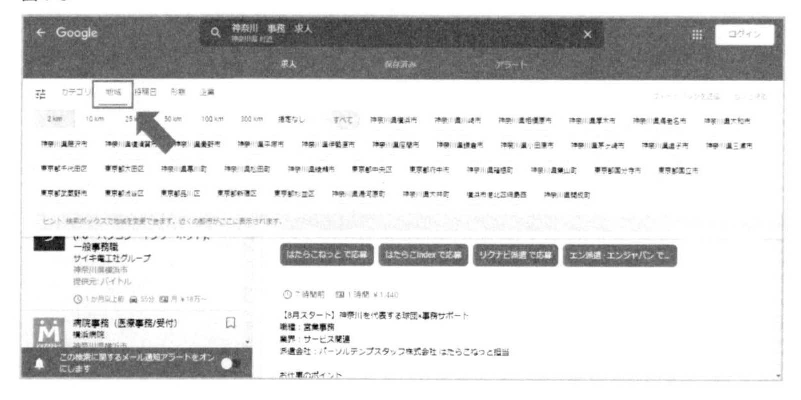

・投稿日

「投稿日」をクリックすると期間内に投稿された求人情報を選べます。なお、投稿日が新しい求人情報が優先的に表示される傾向にあります。

図1-7

・形態

「形態」をクリックすると、パートタイム、フルタイム、契約社員、派遣、ボランティア、日雇い、インターン、そしてその他の雇用形態もあり、いずれかの雇用形態を選ぶことができます。

図1-8

・企業

企業名も選べます。日本は未対応が多いですが、今後は対応する企業名が増えるでしょう。

図1-9

(2) 検索結果の順位は、すべてGoogleが決めている

Googleは、求職者が求人を検索すると、Googleしごと検索の情報よりも、あえてIndeedのほうを検索上位に表示することがあります。それは、Indeedからお金をもらっているからという理由ではありません。あくまでも現段階でユーザーがIndeedのほうが使いやすく、Indeedを見せておいたほうがいいと、Googleが判断しているからです。地域や職種など検索したキーワードによっては、Googleしごと検索のほうが上位に表示されることもあります。

アメリカでは2017年6月にサービスがスタートして2年経ちました。日本では2019年1月にサービスがスタートして1年以内なので、まだIndeedやその他の求人ポータルサイトを検索上位に表示しています。どのサイトのどのような情報を上位に表示させるかは、すべてGoogleが決めていることなのです。

(3) アメリカ版Google for Jobsと日本版Googleしごと検索

2017年6月にサービスをスタートしたアメリカ版Google for Jobsと、2019年1月にスタートした日本版Googleしごと検索の違いを見ていきましょう。

アメリカ版Googleで「NY job」で検索した場合、Google for Jobsが1位に表示されます。

図1-10

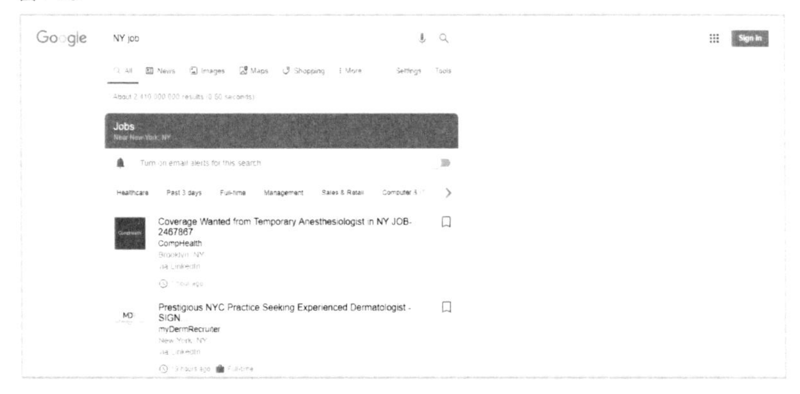

日本版Googleで「東京都 求人」で検索した場合、2019年2月頃まではタウンワークが1位に表示されていましたが今はGoogleしごと検索が表示されるようになっています。

図1-11

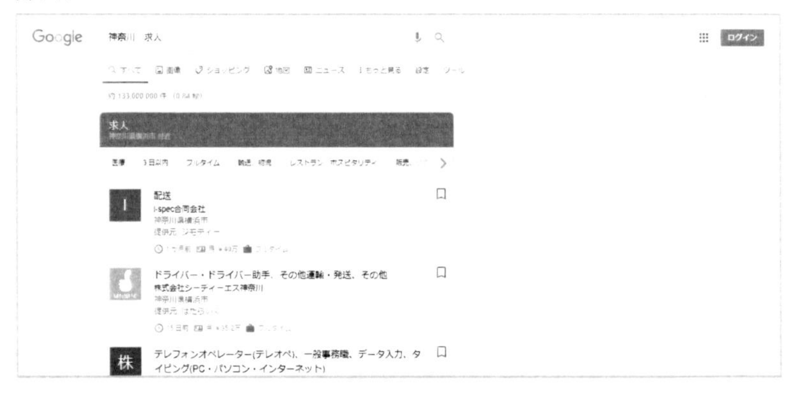

アメリカ版Google for Jobsでは、企業名が約40社表示されます（2019年6月27日現在）。

図1-12

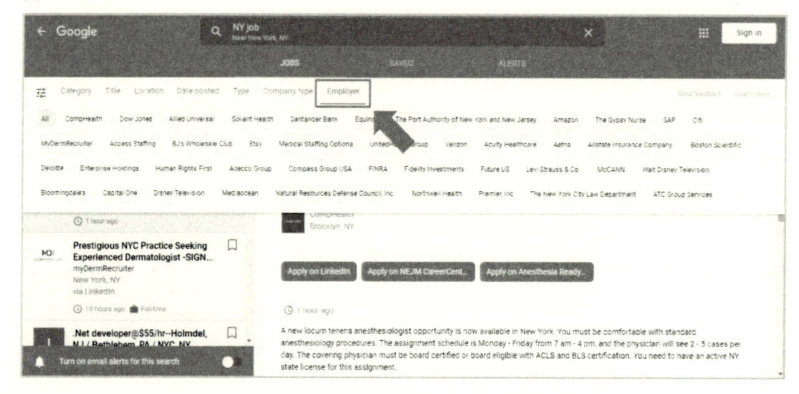

日本版Googleしごと検索は、企業のカテゴリは10社で（2019年6月25日現在）、今後は増えていくことが期待されます。

図1-13

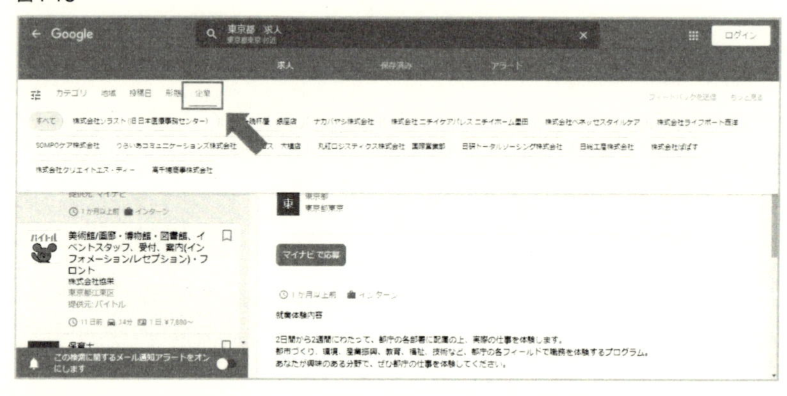

いかがでしたか？　アメリカ版Google for Jobsのほうが、カテゴリや企業名などすべてにおいて、日本版Googleしごと検索よりも情報量が多いことが分かります。今後は日本でも、Googleしごと検索に対応した求人サイトは増えていくでしょう。そうすれば、Googleで求人検索をした

際に、Googleしごと検索が検索上位に表示され、アメリカ版同様、カテゴリや企業名の数も増えていくことが予想されます。

1-1-2 Googleしごと検索での「上位表示」とは

まずは、Googleで「東京 営業 求人」で検索し、Googleしごと検索の100位以内に入った数を、ネット求人媒体別に集計しました。

図1-14（2019年2月12日現在）

順位	1~	6~	11~	16~	21~	26~	31~	36~	41~	46~	51~	56~	61~	66~	71~	76~	81~	86~	91~	96~	合計
doda	3	2	1	1	1			1						1		1		1	1	1	14
エンゲージ	1		1																		2
キャリアインデックス	1	2	2	3	4	2	3	1	1		2		3	2	1	1	1	1		1	31
Nifty		1							1		2									1	5
転職EX			1	1		1	2	1	1	3	1	1				1		1	2		16
マイナビジョブ						1		1	1			1			1		1		1		7
俺の夢（夢真）						1										1					2
人材バンクネット								1				1									2
転職会議									1	1		1	1		1					2	7
コトラ										1					1	1	2	1			6
マイナビエージェント												1						1			2
マイケルペイジ													1								1
E-ARPA														1							1
求人ボックス														1			1				2
女転職@Type															1						1
AMBI																			1		1

図1-15（2019年3月26日現在）

順位	1~	6~	11~	16~	21~	26~	31~	36~	41~	46~	51~	56~	61~	66~	71~	76~	81~	86~	91~	96~
doda	2	1	2			1		1			1			1		1				1
ミドルの転職	1	2		1	1	1		1			1	1		1	1	1				1
転職EX	2	1		1			1		1		2									
マイナビエージェント		1		1	2									1			1	1	2	1
キャリアインデックス			1	2		1	1	2	2					1	1		3		2	
ニフティ転職			1			1				2								1		
転職会議			1		1		2						1	1	1		1	1		
日経キャリア					1															
engage						1														1
俺の夢							1													
マイナビジョブ20'S								1		1	1	3	3			1		1		
食品・飲食ナビ									1											
女の転職									1											
人材バンクネット										1			1							
AMBI										1		1							1	
コトラ															1					
海外営業ナビ															1					
Re就活																1				
マイケルペイジ																1				
無線通信																		1		
Fashion HR																				1

2019年2月12日時点では16サイト、2019年3月26日時点では21サイトが、Googleしごと検索の100位内に表示されました。このことから、日を追うごとにGoogleしごと検索に対応した求人サイトが増えていることが分かります。

Googleしごと検索に対応済みの求人サイトで、Googleしごと検索で上位に表示される条件としては、「投稿日が新しい」かつ「一定の更新頻度がある」ことです。世の中にはまだまだ、Googleしごと検索に対応していなくても、強い求人サイトがあります。強いサイトとは、ドメイン自体のアクセスが多いこと、信頼のおけるサイトからリンクを張られていること、更新頻度が高いこと、サイトを訪れた人の滞在時間が長いことなどの要素をかんがみて、高いサイトスコアをGoogleに付けられているサイトのことです。

強い求人サイトがGoogleしごと検索に対応するようになると、中小企業の求人サイトは、Googleしごと検索の上位には上がりません。ネット上には、多くの求人情報がある中で、この上位表示をめざすためには、専門の知識と技術が必要で難易度が高くなります。さらに、持っているサイト・ドメインのスコア、更新力、バックリンク力（信頼のおけるサイトからリンクを張られていること）などが必要です。これらのことから、Googleしごと検索での上位表示は、非常に困難だということが分かります。しかし、安心してください。

実は、Googleしごと検索で、いわゆる上位に表示させる必要はありません。

理由をご説明します。

図1-16

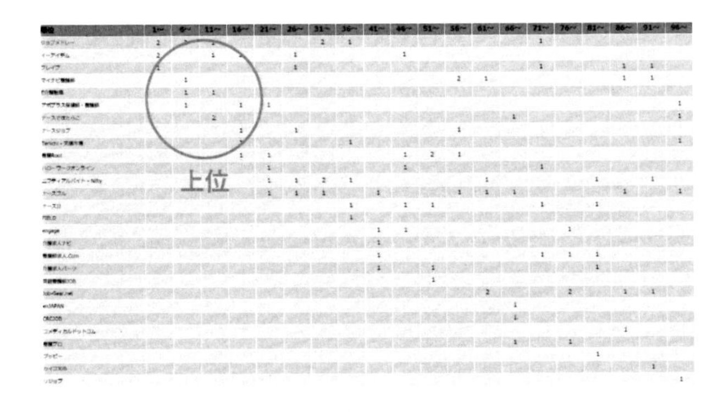

一般的なGoogle検索では、上位10位～20位くらいまでの表示を狙います。理由として10位～20位以内のクリック率が高いからです。Google検索では、求人情報を検索したときにGoogleの上位に表示されるサイトのほとんどは大規模なネット求人媒体です。これらのサイトには検索条件と似た求人だけでも、何百何千という求人情報ページが存在します。なので、検索結果の1位から順に閲覧していくと、情報量は10位くらいまでで事足りてしまいます。そして、求職者はそれ以上探しに行こうとは思わないでしょう。

では、Googleしごと検索ではどうでしょうか？　Googleしごと検索内で、100位くらいまでに表示されていればOKです。なぜなら、100位くらいまでのクリック率が高いからです。Googleしごと検索自体が1つのサイトのようになっているので、非常に見やすい画面構成で、希望条件を入力、クリックしながら、絞り込み検索も可能です。Googleしごと検索に掲載されれば、求職者は左画面をスクロールさせて、上から100位くらいまでは求人情報を閲覧してくれます。今後は、仕事を見つける機能の精度が向上したり、関連付けが増えていき、さらに使いやすくなるでしょう。

図1-17をご覧ください。「神奈川 事務 求人」の「営業事務」であれば、「はたらこねっと」「はたらこindex」それぞれのサイトに飛んで応募することができます。

もしも自社（パーソルテンプスタッフ株式会社）の求人サイトを持っていたら、「パーソルテンプスタッフ株式会社 直接」という青ボタンが並んで表示され、求職者は直接パーソルテンプスタッフ株式会社の求人サイトに飛んで応募することができます。

求人サイトをゼロから作るのであれば、Google検索結果の10位内を狙うという難しいことをするよりは、Googleしごと検索に対応させて「はたらこねっとで応募」や「はたらこindexで応募」と同列に表示させるほうが、技術的に簡単で、時間やコストもはるかに抑えられます。しかも人材獲得に大きな期待ができるのです。

図1-17

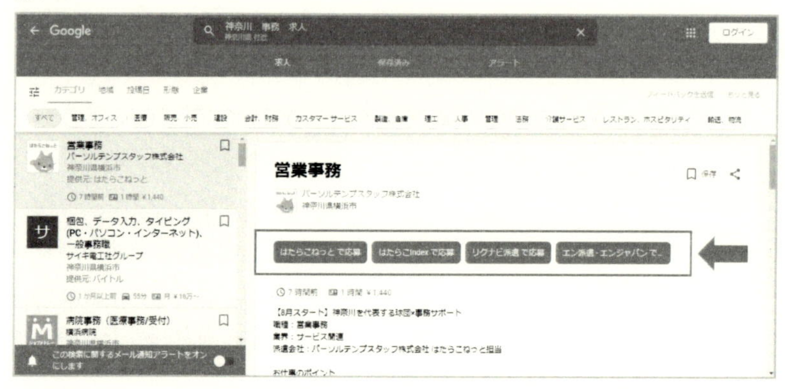

それでは、どのようにして、求人サイトをGoogleしごと検索に対応させるのかを、次ページから具体的にご説明していきます。

1-1-3 Googleしごと検索に求人情報を対応させる方法

自社の求人情報をGoogleしごと検索に対応させる方法はいくつかあり、

ここでは以下の主な5つの方法をご紹介します。

・自社の求人情報ページを対応させる
・対応済みの求人情報サイトへ掲載する
・求人サイトCMS
・ATSの募集ページの生成
・人材採用に特化したSNS

（1）自社の求人情報ページを対応させる

自社の求人サイトに、構造化データをマークアップします（HTML内に記述する）。

この構造化データが目印となり、自動的にGoogleが求人情報だと判断します。これによりGoogleしごと検索への対応が可能となります。

図1-18

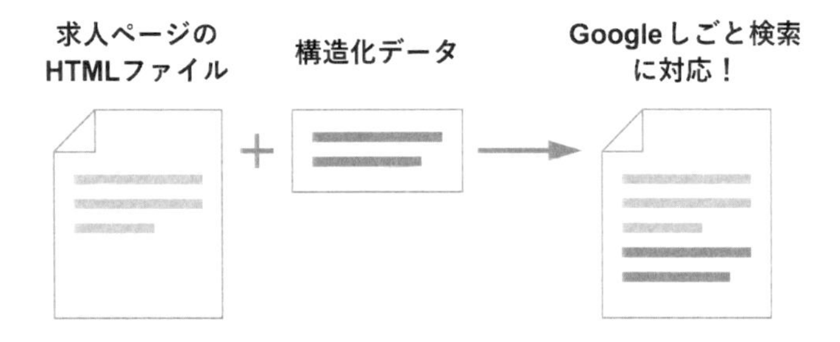

メリットは、費用が低く抑えられることと、知識があれば自由度が高いことです。

デメリットは、専門知識を必要とする作業が発生することです。自社だけで対応しようとすると、作業が大変だったり、対応が遅れたりして、時間と費用がかかることになります。

・Googleしごと検索 構造化データ作成ツール（図1-19）

データを入力するだけで、構造化データが簡単に作れて、コピペで使えるツールです。

https://roomsofknowledge.com/google-t01/

図1-19

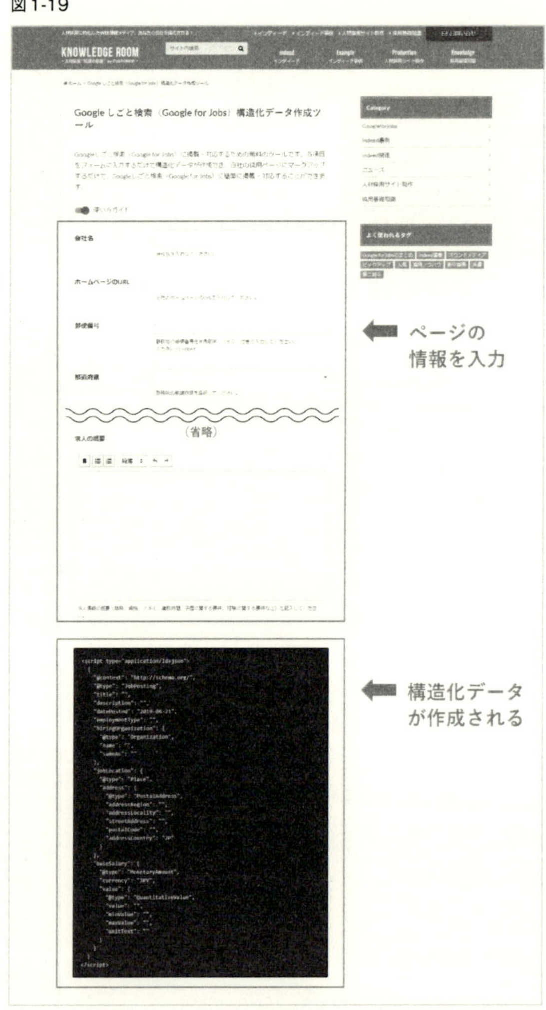

・構造化データマークアップについて

https://developers.google.com/search/docs/data-types/job-posting?hl=ja

・構造化データマークアップの支援ツール（図1-20）

　正しくマークアップされているかどうかをチェックできます。

https://search.google.com/structured-data/testing-tool

図1-20

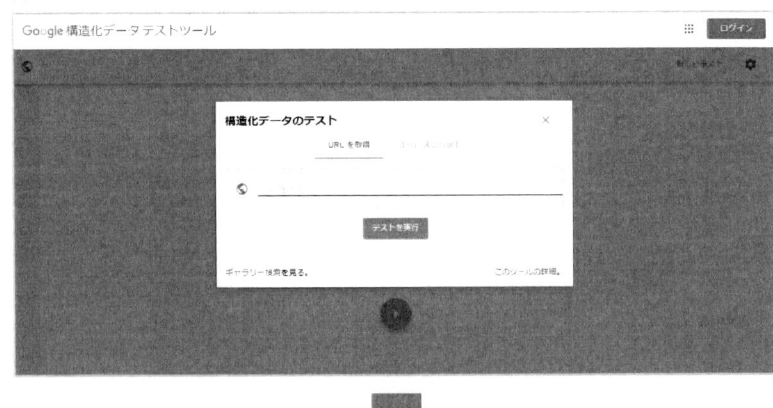

⑵ 対応済みのネット求人媒体へ求人情報を掲載する

ネット求人媒体の中には、すでにGoogleしごと検索に対応済みのサイトがあります。このようなサイトに自社の求人情報を掲載すれば、自動的にGoogleしごと検索に対応します。費用は高いものもあれば低いものもあり、自由度も高いものもあれば低いものもあります。メリットは、掲載するネット求人媒体がGoogleしごと検索に対応済みのため、基本的に専門知識が不要な点です。

デメリットは、ネット求人媒体掲載に広告費用がかかり、かつ掲載期間が限られていること、そして文字数や画像の枚数などに制限があることです。
また、せっかく広告費を使っても、求人情報を見るために集まってくる求職者の力は、掲載元のネット求人媒体に集められます。ネット求人媒体の力が強くなっていくだけで、使った費用は自社の資産にはならず、経費で終わってしまうのもデメリットです。

例）
バイトル、マイナビ、タウンワークなど

⑶ 求人サイトCMS（Contents Management System）

条件や仕事内容を入力するだけで、求人情報サイトを自動作成できるシステムです。自社ホームページの中の採用ページだけをピックアップして制作できるツールが、パッケージ化されたものです。費用や自由度は、システムごとにさまざまです。独自ドメインが、使用可能なものと独自ドメインが使用不可のものとがあります。

例）
独自ドメインの使用可：採用サイトビルダーCMS型、JobMaker

独自ドメインの使用不可： 採用係長、Jobギア採促など

採用サイトビルダーCMS型

・月額利用料1万円
・Googleしごと検索に完全対応
・Indeedに完全対応
・SEO対策済み
・独自ドメイン利用料が無料
・求人情報を自由に編集
・求職者管理が可能
・動画の埋め込み
・スマートフォン対応済み

自社求人サイトを構築する際に必須となる機能が、月額1万円で利用できるサービスもあります。

地域、職種、雇用形態を問わず、採用サイトを制作できます。採用サイト内には、1職種1求人で求人情報を掲載できます。Indeedにも最適化されており、Indeedの集客力を100%活用する仕組みが備わっています。

その他、キャリアジェット、Yahoo!しごと検索にも対応し、より多くの求職者からの応募を獲得することができます。

図1-21

採用サイトビルダーCMS型

https://saiyo-b.com/

同じく、扱う求人数が多い派遣会社様や人材紹介会社様の求人サイトを構築するサービスも展開しております。

図1-22

派遣サイトビルダーCMS型

https://saiyo-b.com/haken/

図1-23

求人サイトビルダーCMS型

https://saiyo-b.com/kyujin/

(4) ATSで募集ページの生成

求人サイトCMSが求人情報ページを作成するためのシステムであることに対し、ATSは応募後の採用管理がメインのシステムです。大企業や全国に100店舗くらいある会社で多く利用されています。応募後の面接の日程、各部署間の調整、人事の承認、採用・不採用の決定などの一連の進捗管理ができます。募集ページを作成する仕組みはオマケ程度で、あくまでもATSは採用管理がメインとなります。

例)

リクオプ、ジョブカンなど

(5) 人材採用に特化したSNS

転職や就職に特化し、ビジネスパートナーや人材の募集などを行うSNSがあります。このSNSを利用すれば、Googleしごと検索に対応させることができます。ただし、日本語対応が少ないことがデメリットです。

例)

LinkedIn（リンクトイン）Glassdoor（グラスドア）など

図表1-24

	対応方法	メリット	デメリット
1	自社の求人情報ページを対応させる。	費用を低く抑えられる。 自由度が高い。	知識が必要、拡張が見込めない、対応が遅れる、作業が大変。
2	対応済みのネット求人媒体へ掲載する（バイトル、マイナビ、タウンワークなど）。	簡単で専門知識が不要。	Googleしごと検索の利点を活かしていない。 掲載有料、短期利用
3	求人サイトCMS（採用サイトビルダーCMS型、JobMaker、採用係長、Jobギア採促など）。	費用、自由度ともにさまざま。	知識が必要なもの・不要なものがある。 独自ドメインが使えないものが多い。 何がデメリットかは企業のシステムに依存する。
4	ATSの募集ページの生成（リクオプ、ジョブカンなど）。	応募後の管理が楽。	採用管理が中心なので応募ページの作成はオマケ程度。
5	LinkedIn（リンクトイン）、Glassdoor（グラスドア）。	海外では簡単に利用できる。 SNS・口コミなど別の用途も利用できる。	英語圏での利用が多く、まだほとんどが日本語に対応していない。

1-1-4 Googleの恐ろしいパワー

現代において、インターネットの世界では、Googleは「神様」のような存在だと言えます。なにも大げさではありません。Indeedや大手求人サイトは多くのアクセス数と力を持っていても、明日からGoogleが大手求人サイトを検索結果に表示させないようにすると、インターネットの世界から大手求人サイトが検索結果から消えます。このような絶対的な力を持っているのが、Googleしごと検索を提供しているGoogleだということです。

Googleしごと検索においては、Googleはどこからも広告料をもらっていません。Googleが無料でユーザーに提供しているがゆえに、スポンサー側の要求に振りまわされることなく、仕事を探すユーザー側の使いやすさを追求して、Googleしごと検索を運営していけるのです。このことは、広告料をもらって求人情報を掲載しているネット求人媒体や、多額な広告料を支払い多くの求職者の目を留めさせることができた企業にとって、脅威ではないでしょうか。

Googleしごと検索のサービスが無料であることに疑問を感じている方も多いと思います。Googleはなぜ無料でサービスを提供しているのでしょうか。それは、募集・エントリー後のGoogle Hire（採用管理システム）を有料サービスとして展開し、ここで利益を得ています。そのため、Googleしごと検索を無料で提供し、利用する企業やユーザーを増やし、Googleしごと検索経由で応募した人たちを管理するシステムを有料で提供しています。つまり、入り口としてGoogleしごと検索を無料で利用してもらったあと、有料のサービスを利用してもらう流れです。それゆえに、Googleしごと検索は、素晴らしいものに進化していくと思われます。求職者は仕事を探すという行為において、日常的にGoogleしごと検索を使うことが当たり前になる未来が来るでしょう。

図1-25

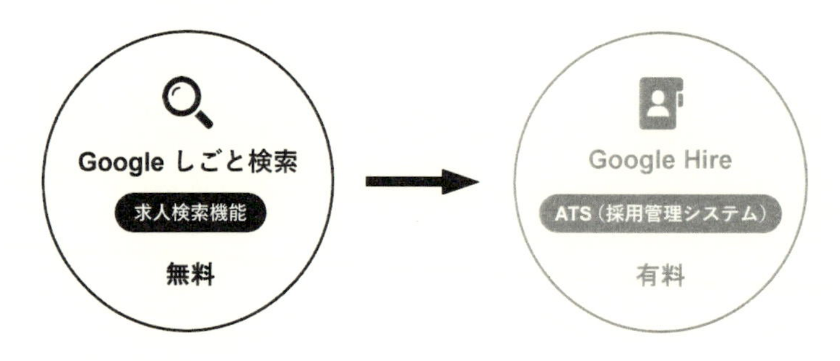

1-2　オウンドメディアで求人情報を発信する

1-2-1　求人サイトをオウンドメディア化する

単にインターネットに求人情報を載せるだけでは意味がありません。大切なことは、欲しい人材を獲得するために、その欲しい人材に閲覧してもらえる求人情報を発信することです。そのために、求人サイトをオウンドメディア化します。

オウンドメディアとは、プロローグでも述べたように、インターネットで自社の情報発信をするメディアのことです。これまで求人情報は、ネット求人媒体に決まったフォーマットで掲載するか、会社のホームページの一部である採用ページに掲載することがほとんどでした。オウンドメディア化した自社求人サイトであれば、定型の採用条件だけではなく、欲しい人材へ訴求力のある情報発信が自由にできるようになります。

自社の求人サイトを欲しい人材が獲得できるオウンドメディア化するためには、どのような情報を発信していけばよいのかを紹介していきます。

1-2-2　まずは求人サイトの求人情報を充実させる

人手不足が深刻化している現状では、インターネット上では求人情報が溢れていてどこもかしこも求人情報だらけです。なんとしても人材を確保したいと、ネット求人媒体（タウンワーク、バイトルなど）に有料で求人情報を出すものの、同じような求人がいたるところに掲載されているのが現実です。どうすれば自社の求人情報を見てもらえるかを考えなくてはいけません。

実際に求職者が求人に応募する際は、必ずと言っていいほど事前にコーポレートサイトで会社情報を見て、どんな会社なのかを調べます。そこで情報量が少ない、求職者が知りたい情報がないとなると、求職者の応募・エントリーにはつながりません。現状、中小企業ではしっかりとした自社求人サイトを持っている会社が少なく、せっかくのチャンスを逃している企業が多く見られます。

写真もたくさん載せましょう。インターネットでは、キレイな写真を掲載することによって、イメージが各段によくなります。「きれいな会社で仕事をしたい」と考えている求職者は多く、オフィスで働く社員の写真でイメージアップを図ることも有効です。「ホームページのイメージ＝会社のイメージ」です。求職者の気持ちが上がるようなキレイな写真を使いましょう。

1-2-3　求人条件だけではNG

勤務地、給与、労働時間、それに休日など「条件」だけの情報では、十分とは言えません。求職者が会社を選ぶ際に給与だけで選ぶことはほとんどありません。もちろん、給与は大きな決め手になりますが、退職理由の多くは人間関係と仕事内容です。選ぶときは給与を重視しながらも、人間関係はどうなんだろう、どんな仕事をするんだろうと、潜在意識の中では必ず考えています。その辺りを求職者がイメージしやすいように、人間関係を表現する社風や仕事内容などの情報をオウンドメディアで発信していきましょう。

1-2-4　企業文化や企業理念を具体化し、会社の価値を言語化する

欲しい人材を獲得するために、オウンドメディアで発信しなければならないことがあります。それは、求職者たちが「自分がこの会社に入れば、どんな雰囲気でどういう仕事をして、数年後にどうなれるか」をはっきりとイメージできる情報です。外部の人が見て、そういう会社なんだ、こういう理念で会社を経営しているんだ、ということが分かる情報を具体的に言語化します。その発信内容こそが、求職者に共感を覚えさせ、会社とのマッチングにつながります。

1-2-5　労働者の価値観が多様化しているからこそ、会社の価値観を発信する意味がある

時代は流れ、人々の価値観は確実に変化し、多様化しています。今の20〜30代半ばはゆとり・さとり世代、30代後半以降は就職氷河期世代と呼ばれています。特にゆとり世代・さとり世代は子供の時から、バブルが去った不景気の中で働く親を見ながら、たくさんの苦労をしたり、なかなか努力が実らなかったり、欲が満たされない状況で生活する現実を見ています。そんな世代と「24時間仕事を頑張る」と考える世代とでは、価値観が違うのは当たり前です。最近は、お金だけではなく、ワークライフバランスが重要視される傾向にあります。休日はのんびり過ごしたい、ボランティアをしてみたいなど、いろいろな価値観を持った人たちがいます。

労働者の価値観がこのように多様化しているからこそ、オウンドメディアで自社の価値観を発信することに意味があります。その価値観に合った人たちの心に刺さり、共感されるからです。そして、自社の価値観に合う人は必ずいます。きちんと発信しなければ、人材を獲り逃してしまうことになります。逆に言うと、発信さえしていれば、自社の価値観に合う人から応募が来るということです。

1-2-6　超売り手市場の人材不足時代の対応方法

人材不足の時代に、欲しい人材を獲得するのは、他社と「競争」をするということです。オウンドメディアで情報を発信して、求職者が自社求人サイトにたどり着いたとしても、給与や待遇などの条件が他社よりも悪いと、応募まで結びつきません。介護・看護師・建設などの職種の求人倍率は、10倍～20倍以上という統計が出ています。自社の業界の人材不足の度合を把握し、人材獲得が困難な度合いに合わせて、会社が妥協し待遇改善をすることが必要です。求人倍率が高い職種は、地域のライバルの情報収集やリサーチをしっかりして、ライバル企業に勝てるように情報発信していきましょう。求職者が情報をすぐに入手できる時代では、最新の情報を発信することが大切です。

1-2-7　優秀な人材ほど情報収集方法が進化している

求職者は、応募前にコーポレートサイトを必ず確認しています。優秀な人材は、「A = B、B = C、だからA = C」という三段論法で物事が考えられます。情報収集能力に長け、判断基準が高い傾向にあり、優秀な人材ほど、「この会社の価値観や企業文化は、自分に合っているか」を見ています。オウンドメディアで、会社が社会に対してどういう価値を提供しているのか、昼休みや休日に社員がどのように過ごしているかなどを、具体的に発信していきましょう。優秀な人材は必ず多くの情報を見ます。公開されている情報も見ないで求人に応募する人は、優秀な人材とは言えないかもしれません。

1-2-8　知っておきたい3つのメディア「トリプルメディア・フレームワーク」

「Webマーケティング」や「採用マーケティング」という言葉を聞いたことがあると思います。人材不足の時代に優秀な人材を獲得するためには、採用も「戦略」の時代です。インターネットにおける「採用マーケティング」では、以下の3つのメディアを押さえておく必要があります。
・オウンドメディア
・アーンドメディア
・ペイドメディア

・オウンドメディア
自社の情報発信をするメディアのことです。会社ホームページ、求人専用サイト、Eメール、ブログ、情報誌など、自社が発行する媒体すべてを指します。顧客獲得のため、人材獲得のためにブランディングをしてファンを獲得するためのメディアです。定型、項目、ボリュームなどの制限はなく、自由に情報を発信できます。

・アーンドメディア
Facebook、TwitterなどのSNSや口コミサイトのことです。主にコミュニケーションツールとして使われます。

・ペイドメディア
広告媒体のことです。短期的にお金を払いインターネットに掲載させ、ユーザーの目につきやすくします。オウンドメディアが、掲載情報に制限がないのに対し、ペイドメディアは、掲載内容や情報量、掲載期間などに広告媒体が決めた制限があります。

よい人材や欲しい人材を獲得するためには、上記の3つのメディアをバランスよく使っていくことが理想とされています。

図1-26

1-3　欲しい人材が集まる求人サイトと、常に人手不足な求人サイト

1-3-1　欲しい人材が集まる求人サイトは情報量が多い

欲しい人材が集まる求人サイトには、求人情報だけではなく、さまざまな情報が掲載されています。具体的な仕事内容、この会社のめざすところ、会社の代表の思いなど、情報量が多いサイトには人が集まります。欲しい人材が集まる求人サイトには、以下のような情報が具体的に掲載されています。

・入社直後の業務
・社員の1日のスケジュール
・従業員の年齢層
・業務内容
・仕事の大変なことや嬉しいこと
・未経験者への研修内容と心配事をフォローする内容
・短期的なスキルアップの見通し
・中長期的なスキルアップとキャリア形成

求職者も、終身雇用が崩壊しつつあることは分かっているので、仕事が自分のキャリアアップにどのように役に立つのかを知りたいと思っています。将来のビジョンがあり、ステップアップのための通過点といった入社も歓迎しましょう。会社に入れば居心地がよく、長期間勤務してくれるかもしれません。会社の価値観を理解したうえで入社してもらえれば、会社の中で成長してくれる人材になります。情報発信は、優秀な人材を獲得するためには欠かせないのです。

ネットで買い物をする時に、情報量の少ないサイトから買いますか？それとも情報量の多いサイトから買いますか？買ったあと、どうなれるか、どんな悩みが解決できるかをイメージしてから買い物をします。同様に、人生の重大事である転職・就職でも仕事を探している求職者が、会社での仕事のイメージを明確に描けるための情報が必要ということです。

1-3-2　常に人手不足な求人サイトは情報量が少なく投げやり

人手不足が深刻な会社の求人サイト程情報が少ない傾向があり、きちんと仕事の魅力が伝わっていないので、求職者がよいイメージを抱くことはできません。そして当然のことながら、応募には至りません。

「うちなんて、どうせ優秀な人は来ない」。そういう投げやりな心が、求人サイトに現れていませんか？どんな会社にも、働いている人は必ずいるので、社員に「なぜこの会社でずっと働いているのか」「入社何年目で、どういう仕事を任されているのか」などを聞いてみましょう。その内容を情報発信すれば、求職者に会社のイメージを分かってもらえます。応募があり採用になれば、入社した人が新しい風を吹かせ、新しい発想で企業が変われるかもしれません。オウンドメディアでの情報発信は、会社の可能性を広げてくれるのです。

1-3-3　あなたの会社には本当に特徴がないのか？

求職者の価値観は多様化しており、その中で会社の特徴に合った人は、必ずいます。もしかしたら、そのエリアにあるだけで会社の価値はあるかもしれません。「土日休み、残業なし」それだけでOKかもしれません。他社との圧倒的な差を見つけ出して打ち出す必要は無く、他社と比較した際に少しでも差があればよいのです。情報がなければ、何がその会社の特徴で、どこが会社のよいところなのかを、知ってもらうことができません。会社を違う角度、違う切り口で見直すことにより、今まで発見できなかった会社の特徴を新発見することも大いにあります。働いている人に「なぜ、うちの会社で働いているのですか？」「うちの会社のいいところは？」と聞いてみてください。それまで気が付かなかった会社のいいところが、見つかるはずです。そしてその部分を、オウンドメディアで発信していきましょう。

1-3-4　画像が小さい、暗い、古臭い

せっかく会社のホームページに情報があっても、小さい画像、暗い画像、または古臭い画像が使われていると、会社のイメージは実際より低く評価されてしまい、採用が難しくなります。画像はすごく大事で、古いサイトでも、画像をきれいに加工するだけで、イメージアップになり採用につながります。ある企業では曜日ごとに部署や担当者を決めて普段の仕事や社内イベントなどの風景を紹介し、会社の最新の情報や様子を発信するようにしていますが、その際も必ずきれいな画像を使用するように決められています。

ブログやホームページのテンプレートは、選定する時はよいと思っていたのに、実際に自社サイトを作り込んでみると、思っていたほどよくはならないことがあります。それは、テンプレート上のきれいで見栄えのよい写真が使われていた箇所に、見栄えの悪い写真を入れたからです。画像ひとつでイメージが変わります。色のバランスやサイトデザインは流行を追いながら、きれいな写真を入れて作っていきましょう。

1-3-5　欲しい人材が集まらない本当の理由

新聞の折り込み広告やフリーペーパーに広告を出し、ネット求人媒体にも高いプランで求人情報を出しているけれど、応募が全然来ないということはありませんか？　それは、あなたの会社がダメなのではありません。世の中が人手不足で人材募集をする企業が増え、求人1件に対して、求人情報を見る求職者が少なくなっているからです。このような状況では、若い人達に見られていない新聞広告やフリーペーパーに広告費を使っても、効果は見込めないことがお分かりいただけると思います。欲しい人材が採用できない、本当の原因は何なのでしょうか。

今一度、求人サイトに掲載する情報の内容、情報量、使っている画像などを見直し、オウンドメディア化された求人サイトで、会社の情報を発信していきましょう。

1-4　「応募～採用～辞めない」流れを求人サイトで作る

1-4-1　採用フローで弱いポイントを突き止める

オウンドメディアで情報発信し、求人サイトが見られているのに、採用につながらないことがあります。それは、求職者が自社の求人サイトにたどり着いたとしても、どこかで離れて行ってしまうポイントがあるからです。それが、どこなのかを突き止め、導線を改善します。Googleアナリティクスなどの分析ツールで、どこから来て、何秒サイトを読んで、どのページで離れて行ったかを検証します。離れていくポイントと原因を究明し、対処して問題を解決しましょう。

求職者の知りたい情報が発信されて、求職者の価値観と会社の価値観が合っていれば、求人サイトでマッチングがされます。企業文化、理念、価値観がイメージできて、そのイメージと現実のギャップがなければ、採用後に辞める確率は格段に低くなります。

1-4-2　採用活動で、どこでつまずいているかを把握する

採用活動でつまずいている可能性があるポイントは3つです。

1つ目は、応募があったけれど、採用に至らなかった場合。応募後の面接で、会社がイメージしている人材とは全く違う人だった、ということがあります。それは、求人サイトの情報量が足りなかったり、欲しい人材の人物像をうまく表現できていなかったことが原因です。

2つ目は、よい人材で採用したけれど、本人が入社しなかった場合。これは、採用側の条件に問題があるのか、本人がイメージしていた仕事や会社とは違っていたことなどが原因です。

そして3つ目は、採用後に入社したけれど、すぐに辞めてしまった場合です。それは、入社前に抱いていたイメージと、入社後の現実が違ったことが考えられます。求人サイトから持たれるイメージと現実が違っていたということなので、情報の内容を見直しましょう。

求人サイトの「見やすさ・分かりやすさ・使いやすさ」にも一因があります。多くの求職者に応募してもらうためには、ただ「募集要項を見る」のリンクだけではなく、ボタンや文字をクリックしやすいように工夫します。例えば、企業文化として「みんなで休みの日に遊んでいる」という情報を載せているのに、求職者に見られていないことがあります。それは、サイトの奥の奥のほうに眠っているからです。サイトを作っている側は、「ここにあります」と分かっているのですが、初めてサイトを見に来た人には、知るよしもありません。求人情報ページに、見てほしいページまでの確実な導線を、必ず作り込んでおきましょう。

1-4-3　マイナスイメージはプラスイメージに変換

会社の特徴として、都心から離れたところにある場合、マイナスイメージとして捉えられがちです。ですが、通勤ラッシュに逆行する方向であれば、朝夕の満員電車を回避でき、通勤時間を有意義に過ごせます。100

人のうち100人全員が都心で働きたいかというと、決してそうではなく、「満員電車に乗らなくてもいい会社で働きたい」と都心から離れた会社を選ぶ人もいますし、できる限り地元から近い場所で働きたいと考える人もいます。

マイナスがあるということは、その裏には必ずプラスがあります。会社の規模が小さいことは、必ずしもマイナスにはならず、大組織の歯車のひとつになるのではなく、やりがいを持って働きたい人も必ずいます。このようなポイントに気づいて、プラスの側面についても、メッセージや情報を発信していきます。

1-5　求人サイトに1項目追加しただけで、15年間の人手不足が3カ月で解消した夜勤の市場

こちらでご紹介する会社では、市場の夜勤で働く人を募集していましたが、15年間人手不足で困っていました。対策として、求人サイトへ実際に働く人の考えやライフスタイルを追加しただけで、3カ月で人手不足が解消しました。求人サイト作成のポイントを、以下にご紹介します。

・分かりにくい仕事こそ、イメージできるように

「市場での仕事」と言っても、一般の人が踏み入れる場所ではないため、仕事内容が分かりづらいというデメリットがありました。しかし、そういう分かりにくい仕事こそ、自分が入社して仕事をしているイメージをはっきりと描けるように、仕事内容について情報発信することが大切です。

・ライフスタイルに訴求するために生活感を打ちだす

「この会社に入ってどんな人生を送りたいか」をイメージしてもらうには、休暇が多い・休暇が取りやすい、残業がない、フレックスタイム制

でコアタイムが○時～○時まで、といった「生活感」のある情報をあえて発信します。それを見て、求職者は入社した後のライフスタイルをイメージできるからです。特に若い世代には、生活感を打ち出してライフスタイルに訴求していくことが効果的です。

・一番掲載しなければならない情報

求職者が一番求めている情報は、「この会社に入ると、どんな雰囲気で、どういう仕事を、どんな人と一緒にして、自分はどうなっていくのか」です。これらを具体的にイメージできる情報を発信します。

・明確なペルソナを設定する

どんな環境であっても「そこで働いている人は必ずいる」ことをいつも念頭に置いてください。「この条件で夜勤専門で仕事をしたい人」は必ずいます。その人の心に響く言葉を選び、メッセージを発信すると、そこに共感する人が応募します。会社で成果を出してくれる人材のペルソナを明確に具体化することにより、メッセージ文が作りやすくなります。年齢、どのような仕事か、なぜ夜勤なのか？などを分かりやすく表現し、働いている姿をイメージしてもらえるように発信します。

・ペルソナを設定しづらい場合

「欲しい人物像」を設定しづらい場合は、実際に会社で働いている人を見れば、一目瞭然です。彼らの属性、入社理由、キャリアの積み方、それに経験などがペルソナ設定の情報源となります。今実際に働いている人は、どんな人でどういう考えを持っているのかがカギです。働いている人たちに、入社の決め手、この会社のいいところ、一日の仕事の流れ、そしてどこにやりがいを感じているかなどを聞いて、その内容を発信していきます。

これで「第1章　将来も人材募集に困らない求人サイトはこう作る」を終わります。Googleしごと検索に対応させたオウンドメディアを使い、欲しい人材に向けて、求職者に求められる情報を発信していきましょう。オウンドメディア・リクルーティングという言葉のとおり、オウンドメディアでの求職者への情報発信が、採用の成功のカギとなります。

「第2章　応募が来る！採用が決まる！求人サイトの作り方」では、欲しい人材を獲得できる求人サイトの作り方を、具体的にお伝えしていきます。

第2章　応募が来る！採用が決まる！求人サイトの作り方

2-1　応募が来ない原因は求人サイトのここをチェック

2-1-1　「トップページ」より「求人票の詳細ページ」をチェック

求人サイトをつくる時に、トップページにだけ力を入れていませんか？　きれいな写真、分かりやすいボタン配置、デザインなど、トップページの見た目にこだわって作られているサイトは多くあります。しかし実は、求職者が検索結果から最初にたどり着いて見るページは、求人票の詳細ページです。トップページから詳細までピラミッド構造になっていて、その底辺の詳細ページに来るというわけです。

検索に入れるワードは、以前なら「営業 求人」（ビッグキーワード）だけでしたが、今は「営業 ○○市 飛び込み無し 週休2日 残業無し」（ロングテールキーワード）という細かい条件まで入力されます。ということは、探しているのは条件がマッチしている末端の求人詳細ページなのです。IndeedやGoogleしごと検索から来るアクセスも求人詳細ページです。

・ビッグキーワード

検索ボリュームが多いキーワードで、検索結果にはサイトのトップページがヒットします。

・ロングテールキーワード

検索ボリュームは少ないがニッチな複合要素を持っており、トータルするとビッグキーワードよりアクセス数が望めます。また、ロングテールキーワードが含まれるのは詳細ページなので、検索キーワードとマッチしコンバージョン（応募）率も高くなります。

図2-1

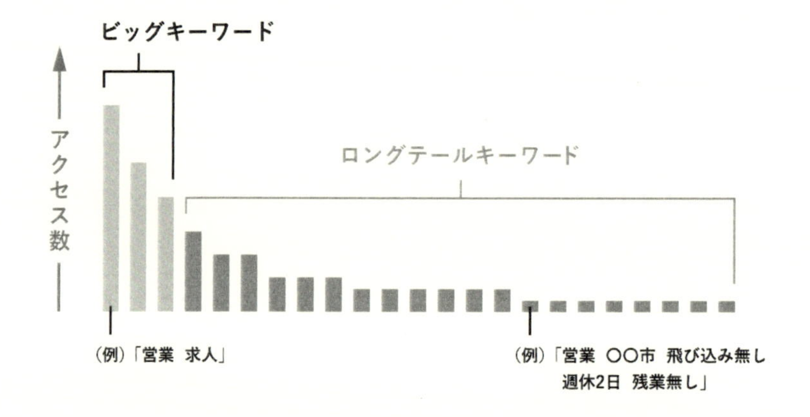

サイト内を回遊させるためには、最初に入って来る詳細ページに、分かりやすいリンクやボタンが配置されているかどうかが、カギとなります。求職者が知りたい情報があるか、採用側が見てもらいたいページへの導線があるか、求人詳細ページを求職者目線で丁寧にチェックしましょう。

図2-2

作る側は、トップページからの導線を想定し、どこに何があるのかを把握しています。一方で、初めてサイトを訪れる求職者が一番に見るのは詳細ページですので、サイトのどこに何の情報があるのかは全く知りません。

一度トップページまで行ってから探してくれるかというと、そうではありません。詳細ページからいろいろなページへ回遊してもらえる仕組みを、求職者目線で作ります。求職者は自分が知りたい情報にたどり着けなかったり、迷子になったりすると、サイトから離れてしまいます。そうなると会社の印象は悪くなります。

詳細ページから、見てほしいページへの導線、求職者が知りたい情報への導線、最終的に応募までの導線を整えて求人サイトを作りましょう。

図2-3

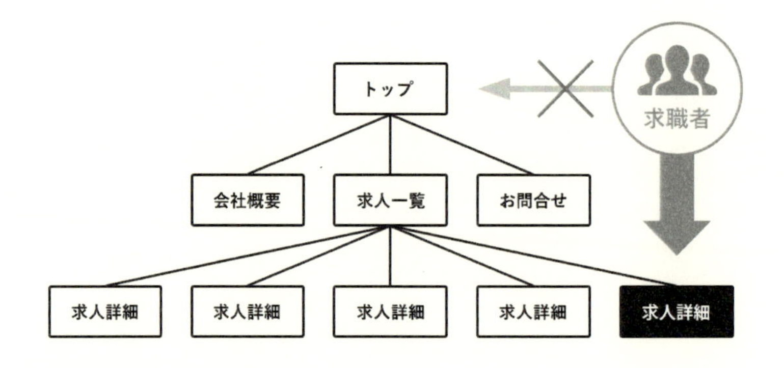

2-1-2 トップページは立派でも求人詳細ページがスカスカ

サイトのトップページに力を入れて作り、中身は少しだけ作って終わり、なんてことになっていませんか？ トップページの印象はよくても、中に入ってみると、情報量が少ない、内容が薄い、見たい情報が掲載されていないと、求職者はサイトを訪れても離れてしまいます。

また、制作当初はしっかり作ったものの、そのあと情報が追加されておらず更新が止まっていたり、求人情報が古いままだったり、条件のみのページになっていないかをチェックしましょう。

2-1-3 最後の応募フォームで応募をやめてしまうケース

ネットショップの買い物で「カゴ落ち」という言葉があります。商品を買い物カゴに入れたものの途中で気が変わり、最終的に購入に至らないケースを言います。

応募フォームが独立したページの場合、ページに飛ぶための手間が1つ入ります。そのひと手間が入るだけで「カゴ落ち」が起こり、応募する人は50％になり、2個目の手間が入れば、またその半分が「カゴ落ち」

をします。

カゴ落ちを防ぐには、求人詳細ページに応募フォームを付けるのがベストです。

図2-4

応募フォームに入力してもらう項目は、最小限にとどめておきます。会社としては住所、年齢、学歴、職歴・・・などいろいろな情報があると選考しやすくなります。ですが、応募する側にとっては、何十個も入力するのは面倒です。応募フォームの入力項目を、30個から3個にすれば、応募される確率はグンと上がります。手間が増えるごとに、カゴ落ちが起きます。せっかく応募フォームに入力しようという所まで来ているので、そういう人たちが確実に応募する仕組みにすれば、応募率も確実に上がります。

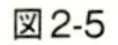

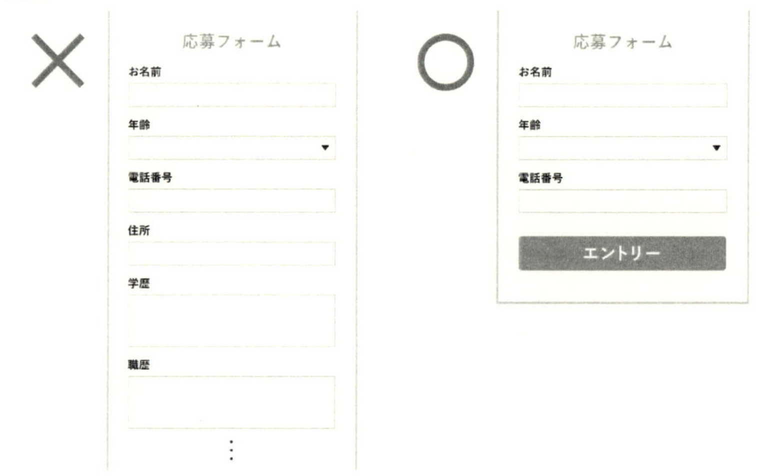

2-1-4　応募するぞ！の熱い気持ちを保たせる

求職者が求人内容をみて、この会社で働きたい！と感じた瞬間は応募意欲がとても高い状態です。なので、応募意欲を落とさせるようなものがあると、今回応募するのはやっぱりやめておこうかなとなります。応募意欲を上げるものを、応募フォームに付けて、応募意欲を下げるものは取り除きましょう。

応募意欲を上げるものの例として、「面接の交通費は全額負担します！」「履歴書・職務経歴書不要」のような求職者の応募のハードルを下げるものです。応募フォームのすぐ上に配置します。

気持ちを下げるものは、応募から面接までの複雑な手順や何十個もある入力項目、「当日は必ず履歴書・職務経歴書をお持ちください」、「面接は一次面接を含め3回行います」などです。

図2-6

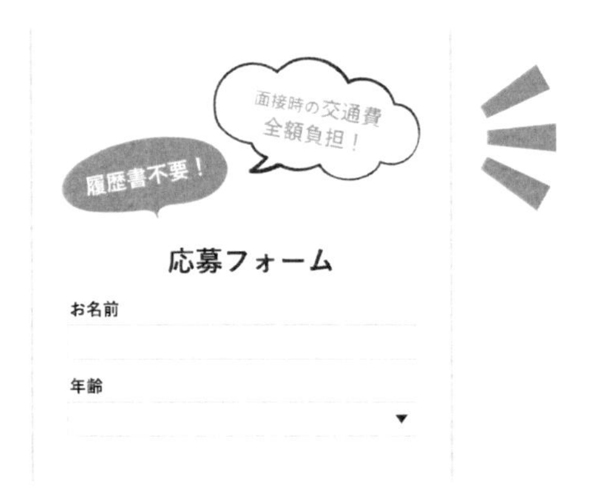

2-1-5　応募フォーム１つだけでは不十分、電話やLINEが応募率を上げる

インターネットからの応募でも、「応募フォーム」だけでは、チャンスを逃します。タップするだけで簡単に電話できるボタンや、LINE応募のボタンなども追加しておくと、応募率は上がります。実際に、応募フォームより電話での応募や問い合せが多いケースもあります。

電話やLINEのボタンは、応募フォームの近くや求人詳細ページに付けておきます。トップページだけでは不十分で、求職者は見ない可能性もあります。さらに、電話があった時はその場で「このお電話で、お名前と住所を教えて頂ければエントリーはこちらでしておきます」となると、そのまま応募や面接の設定にもなります。応募フォームひとつに任せないで、入り口を増やして応募率を上げていきましょう。

図2-7

2-1-6　応募のハードルを下げる

応募フォームの「応募する」というボタンは、求職者側の心理として、意外と緊張するものです。ハードルを下げるためには「応募」より、「エントリー」「お問い合せ」などと、気軽な感じにするといいでしょう。ボタンのデザインは、サイトに訪問した人の目に留まる、押したくなるデザインにします。

求人サイトのチェックポイントは、見やすい、分かりやすい、応募意欲を下げない、そして応募までのハードルが低いことです。求職者が仕事を選べる時代においては、このようなちょっとした箇所にも配慮して求人サイトを作りましょう。

図2-8

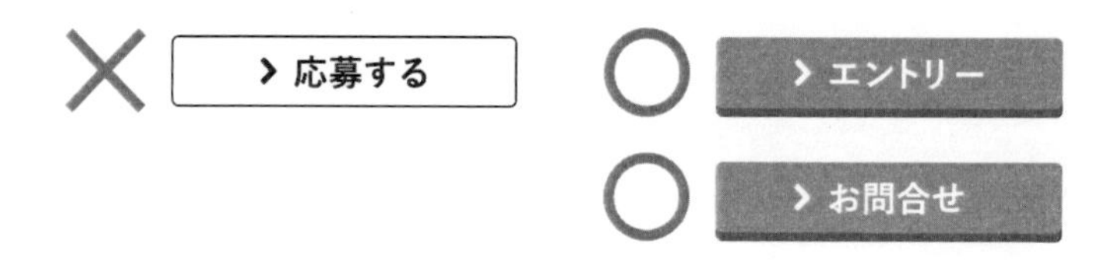

2-2　求人サイトのSEO対策の具体的な方法

2-2-1　求人サイトのSEO対策とは

求人サイトにとってSEO対策は重要な課題です。SEO対策には一般的に内部施策・外部施策があります。

内部施策とは、ページの中をGoogleのガイドラインに基づいて最適化する施策のことです。最適化を行うことにより、Googleのクローラーに求人サイト内をクロールしてもらいやすくなり、1ページ1ページしっかり評価させ多くのページをインデックスしてもらいやすくなります。

外部施策とは、質のよい他サイトから自社サイトへの被リンク（バックリンク）を集める施策のことです。

Googleは被リンクの数と質がそのサイトを評価する1つの要素となっており、被リンクの数が多い＝評価・支持されている、質が高いサイトからの被リンク＝著名人から評価・支持されているサイトと評価し、検索順位を上げる仕組みになっています。

しかし、被リンクをSEO対策のために購入したり、自作自演で別のサイトをつくり、そのサイトからリンクしたりするとGoogleからペナルティーを受け、最悪の場合には検索結果に表示されなくなり求人サイトとしては致命的になるのでおすすめしません。

2-2-2　ページ情報は全ページ別々にする

求人サイトなどのWebサイトには、Webページの情報を、Googleのクローラーやブラウザに伝えるタイトルタグ（titleタグ）やメタタグ（metaタグ）があります。

タイトルタグやメタタグにはWebページのタイトル、説明や検索で狙いたいキーワードの設定などいくつかの種類があります。これらのタグを設定することでページ情報をGoogleのクローラーやブラウザに伝えることができます。Webページ自体には表示されませんので訪問者には直接見えないようになっていますが、Googleの検索結果に表示される場合があります。

すべてのページを別々のタイトル・説明文で書くことが推奨されています。ところが、多くの求人サイトでは、すべての求人情報ページが同じタイトル・説明文になっています。以下の内容に合わせて設定しましょう。

2-2-3　タイトル（titleタグ）はそのページを表す

タイトルはそのページごとに異なるタイトルを設定する必要があります。

よく見かけるタイトルの例として、すべての求人情報ページのタイトルが、「求人募集 — 株式会社○○○○」というように、同じタイトルに設定されていることがあります。

これでは、Googleが各々のページについて何が書かれているのかを理解することはできません。タイトルはGoogleの検索結果で表示されることがあり、検索結果を見たユーザーはそのページに何が書かれているのか分からないため、クリック率が落ちてしまいます。

そのようなことにならないために、職種、雇用形態、店舗の名称をしっかりと入れて1ページ1ページ違うタイトルとなるように設定しましょう。（図2-9）

また、長すぎるタイトルも注意が必要です。Googleの検索結果で表示されるタイトルの文字数は約35文字です。長いタイトルの場合はGoogleに自動で省略され、意図したように表示されない場合がありますので、タイトルは35文字以内で設定しましょう。

図2-9

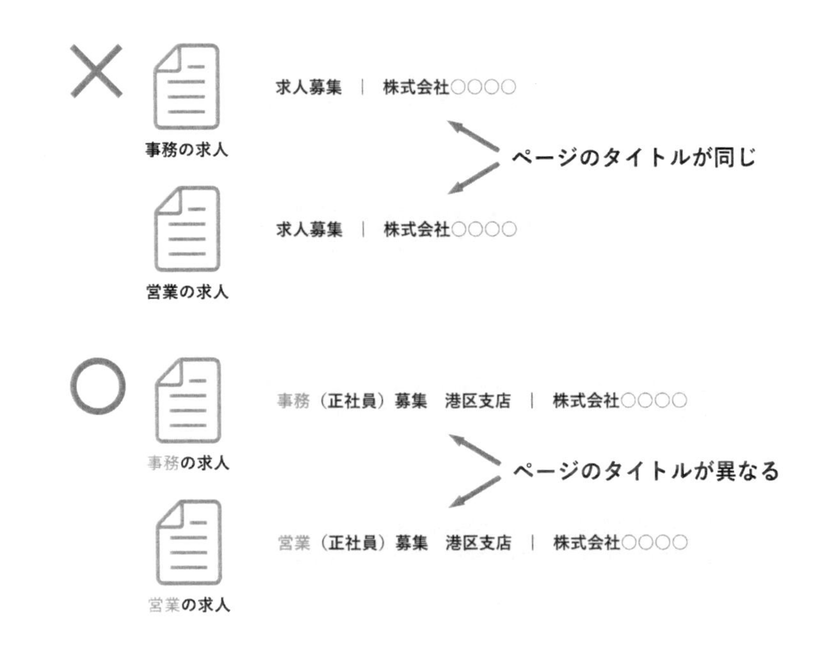

2-2-4 ディスクリプション（meta description）はページの要約

ディスクリプションはそのページの要約で、検索結果に使用されることがあるので、ページに沿った内容で魅力的にかつ、端的に書く必要があります。

ディスクリプションが検索結果で使用される場合、PCでは約120文字が表示され、スマートフォンでは50〜60文字に省略されます。インターネットで求人を探す求職者の80%は、スマートフォンを使っているので、50文字までに重要なことを分かりやすく書きましょう。

また、検索で狙いたいキーワードは、文章のできるだけ前の方に入れてください。PCであれば太字で表示され求職者にアピールできクリック率が上がります。ただ、キーワードを前のほうに持って来てもGoogleの評価には大きく影響しません。

図2-10

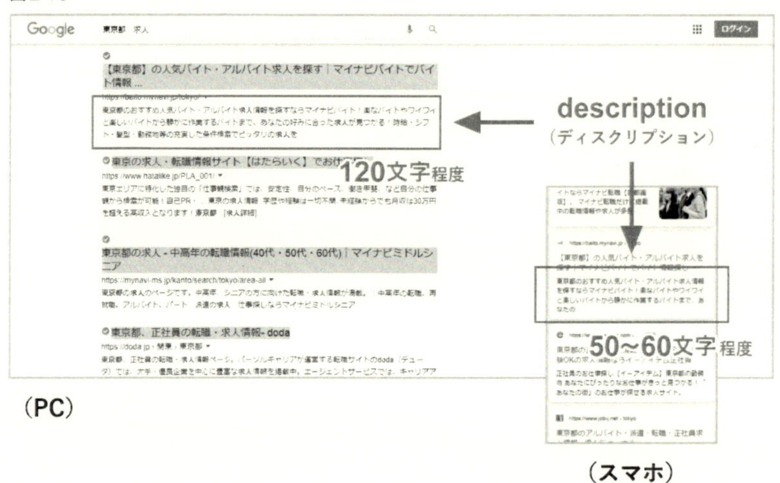

2-2-5　キーワード（meta keywords）は検索で狙いたいキーワード

キーワードには、検索キーワードとして想定しているキーワードを「,」（カンマ）区切りで設定します。ただし、Googleが公式に発表しているように、SEOの効果はありません。

以前、キーワードを利用したスパム行為が増えたことと、クローラーの精度が上がりキーワードを利用しなくてもページの内容が理解できるようになったため、キーワードを利用する必要が無くなりました。

キーワードを設定してもSEOの効果はありませんが、キーワードに検索キーワードを入れておかないと、ページ自体の品質が高くても、検索上位には上がらないため、必ず設定しておきましょう。いわゆる最低限やっておくべきことです。

2-2-6　見出し（hタグ）は構成を考えて使う

見出しは本の見出しと同じような考え方で、大見出しを各章のタイトル。中見出しを章の中の節。小見出しを節の中の項と考えると分かりやすく、Webサイトは大見出しを「h1」、中見出しを「h2」、小見出しを「h3」として構成していきます。

見出しを使用する際の注意点として、大見出しは1ページに1回だけ使用するようにしましょう。大見出しはそのページが何について書かれているかを伝えるものなので、1ページに複数回使ってしまうとクローラーが混乱してしまい、ページの内容が伝わらなくなってしまいます。大見出しを2回以上使う場合はページを分けて、それぞれのページで1回ずつ使用するようにしましょう。なお、中見出しと小見出しはあまり多くならない範囲で何回でも使用して構いません。

見出しは書く順番も気を付けましょう。大見出しを使った後に、中見出しを使わずに小見出しを使ってしまうとこれもクローラーが混乱してしまいますので、大見出しの後は中見出しを使用し、そのあとに小見出しを使用し順番を守り構成していきましょう。

整理されている構成は求職者に読みやすいことはもちろん、Googleのクローラーにも認識されやすくなります。特に日本語は世界的に見ても大変難しい文法をしているので、よりシンプルに表現するように心がけましょう。

図2-11

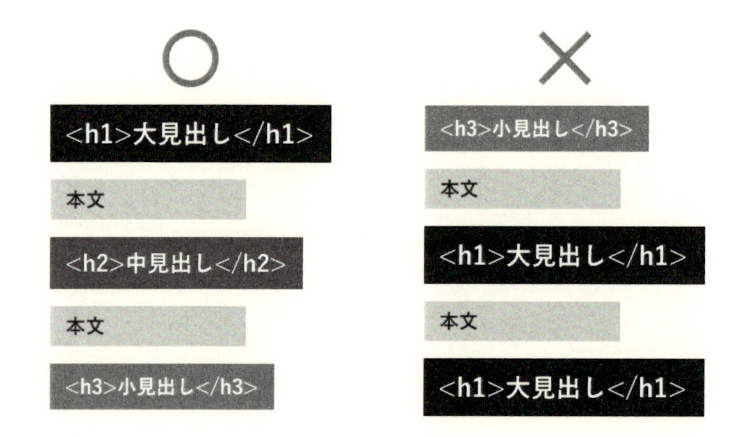

2-2-7　URLの正規化・統一化をしよう

URLの正規化・統一化はSEO対策の中でとても重要です。対応できていない求人サイトを多く見かけます。

求人サイトは個人情報を取り扱うため、SSLを導入し「https化」するサイトが多くなっています。しかし「https化」しただけで正規化・統一化されていないため、「https」と「http」以降が同じURLでも、Googleには別々のページと認識され、検索結果には同じ内容のページが「https」と「http」の2種類のURLで表示されます。

例）

http://example.comとhttps://example.com

この場合、被リンクのパワーや訪問者数などの、Googleの評価が分散されるため、本来100あるはずの力が50になり、検索順位が落ちてしまいます。また、最悪の場合、重複コンテンツとみなされ、評価が下がることがあるので注意が必要です。
「https」の他にも「www.」も同じで、対策を行っていないと別々のページと認識されてしまいます。

例）
https://example.com と https://www.example.com

また、トップページでも正規化・統一化が必要です。Webサイトの設定でトップページはURLに「index.html」の指定がなくても、「index.html」を表示するという設定をすることが一般的で、「index.html」があってもなくてもページを表示できるようにしてあります。そのため、「index.htmlあり」と「index.htmlなし」が混在してしまい評価が分散してしまうことがよくあります。

例）https://example.com と https://example.com/index.html

下の4つのURLを見てください。これらのURLは少しずつ違いますが、クリックするとすべて同じ内容のページが表示されます。しかしGoogleには4つが別々のページとして認識されてしまいます。

https://www.example.com
https://example.com
https://www.example.com/index.html
https://example.com/index.html

そうならないためにも、どれかひとつのURLを選び、そのページにリダイレクトするように設定を行うか、canonicalを使い統一したいURLを指定しましょう。

このようにURLの正規化を行った場合、求人サイト内で使用するリンク先URLは、正規化したURLに統一しましょう。

図2-12

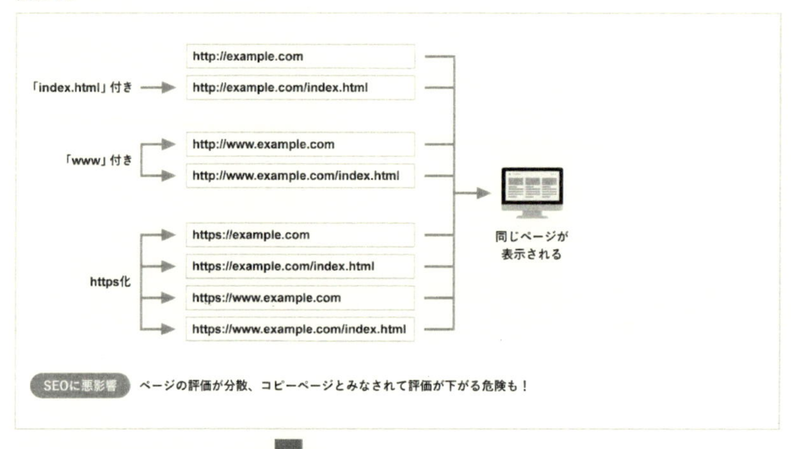

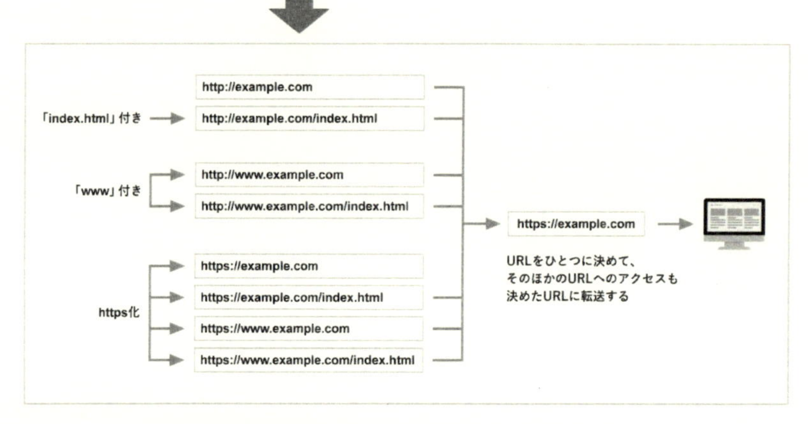

2-2-8　Googleのクローラー向けサイトマップ

サイトマップには求職者向けのサイトマップとクローラー向けのサイトマップがあります。ここで説明するのはクローラー向けのサイトマップ（sitemap.xml）になります。

求人サイトは主に「トップページ」、「各カテゴリーページ」、「求人情報ページ」、「コラム」などで構成されていてサイトマップによってクローラーに知らせ、効率よくクローラーが求人サイトを見ていくことでインデックスされやすくなります。

サイトマップにはいくつか設定項目があり、その中でページの重要度（priority）を指定することができます。しかし、現在Googleでは重要度を使用していないので考慮する必要はありません。もし、設定する場合は求職者にとって何が重要かということを考え、サイト構成を配慮して制作することをおすすめします。

サイトマップを作成する方法は、インターネット上で使えるツールや、手動で作成する方法、システム（プラグイン）で自動的に作成する方法などがあります。インターネット上で使えるツールもいくつかあり作成する方法も簡単でおすすめです。

参考：

「sitemap.xml Editor」

http://www.sitemapxml.jp/

「xml-sitemaps.com」

https://www.xml-sitemaps.com/

2-2-9　サイトマップURLの設定

サイトマップを作成したら「Google Search Console」でサイトマップのURLを設定することで、クローラーがサイトマップを確認してクローリングを行うようになります。なお、以前はウエブマスターツールという名称でしたが、現在はSearch Console（サーチコンソール）という名称です。

実際にどのように設定するか図を使って説明していきます。

Step 1

https://search.google.com/search-console へアクセスします。

Step 2

Google Search Consoleで左メニューの「インデックス」→「サイトマップ」をクリックすると右画面上部に「新しいサイトマップの追加」が表示されますので「サイトマップのURLを入力」の部分にsitemap.xmlを置いた場所を入力します。

図2-13

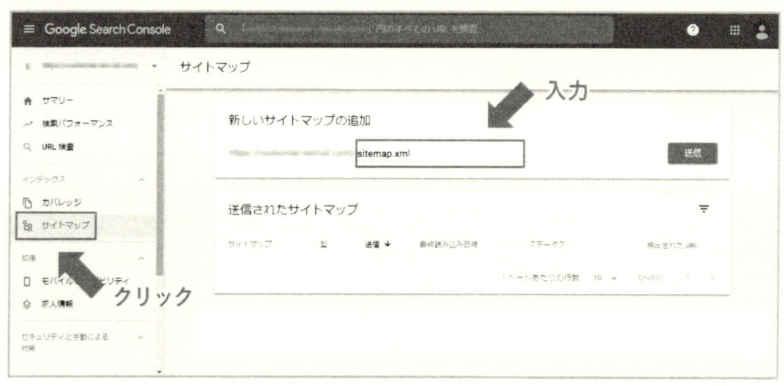

Step 3

「送信」をクリックします。

図2-14

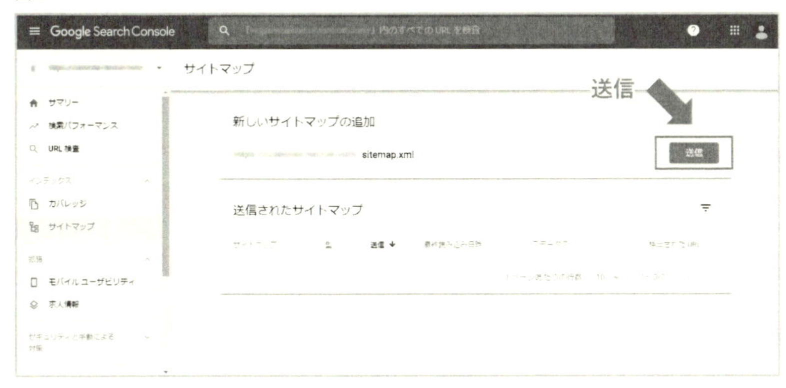

Step 4

下の表にsitemap.xmlが追加され、Googleのクローラーがサイトマップにある各URLをクロールし、インデックスします。ただし、サイトマップにあるURLをすべてインデックスするかどうかはGoogle次第です。

図2-15

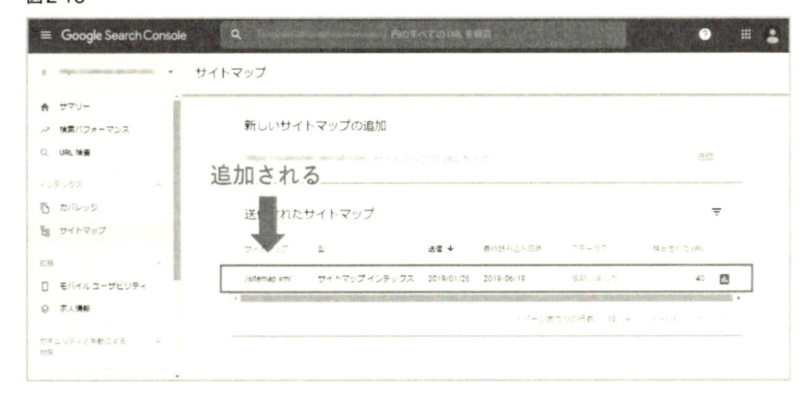

2-2-10　SEO用語集

インデックス

Googleにそのページがあると認識され、検索結果に表示される可能性がある状態のこと。

上位に表示されるということでも、絶対に表示されるということでもない。

あくまでも表示される可能性があるだけ。

SSL（エスエスエル）

Webサイトで情報を送信する際に情報を暗号化する仕組みのこと。

このSSLを導入しているWebサイトのURLは「https」から始まる。

SSLが使えるようにすることを「SSL化」や「https化」するという。

canonical（カノニカル）

内容が同じ・類似するページが複数ある場合に正規のURLがどれかをクローラーに指示する場合に使用する。

クローラー

Webサイトの情報を収集するロボット（機械）のこと。一般的にはGoogleなどの検索エンジンのロボットをいう。

クローリング

クローラーがサイトの情報を収集すること。

スパム

キーワードの詰め込みや、不正な被リンクの取得など、裏技を使って検索順位を上げようとすること。

タグ（HTMLタグ）

さまざまな意味を持ったWebサイトを作るための言語のこと。

ユーザー側に見えるもの、クローラーに情報を伝えるためのものなどさまざまある。

重複コンテンツ

内容が同じ・類似するページのこと。

被リンク（バックリンク）

他のサイトから自分のサイトへリンクをもらうこと。

リダイレクト

別のページへ強制的に転送すること。

2-3　応募条件を見直して応募率を上げる

2-3-1　今までの採用成功体験を手放そう

弊社では人材紹介や求人サイト制作の事業を展開しております。その中で身をもって感じたこととして、日本全国で人手不足が本当に深刻になったのは、業種にもよりますがここ3年くらいのように思われます。この本を手に取られているかたは、以前は募集をすれば人を採用できたという「成功体験」をお持ちではないでしょうか。

「前はこの給与でも大丈夫だった」「前はこの募集内容で応募があった」という理由で、求人票の内容や条件を変えずに、そのままで募集が行われています。ですが、時代は変わり、人材を獲得するためには、過去の成功体験は手放さなければいけません。

単に給与を上げればいいというわけではありませんが、同業他社の条件が変わっているのに過去と同じ求人条件で、ネット求人媒体に広告を出しても、比較されたときに、応募してもらうことは厳しいです。過去の採用活動、採用コストのかけ方も見直して求人サイトを作りましょう。

2-3-2　応募資格レベルを下げても、欲しい人材に応募してもらえる方法

募集要項の「資格」欄にソフトウェアの資格を記載している場合、求職者にソフトウェアの経験があっても、「私には難しいかもしれない」と応募を躊躇されるケースがあります。いたずらに応募のハードルを上げるのではなく、本当にその資格が必須の場合のみ記載しましょう。

実際に採用担当の方に話を聞くと、「ちょっとした画像修正で、10日くらい研修すれば、パソコンの得意な人だったらできますよ」とのこと。同じ仕事で現在勤務している人の時の募集はどうだったかを聞くと、「パソコンの得意な人を募集して、1週間くらい研修をし、そこから徐々に仕事を覚えてもらった」とのことでした。

そこで応募条件に資格の記載をやめて、「パソコンが得意な人。入社して1週間程度の研修を受けて、少しずつ仕事を覚えていってください。」に変更しました。すると、長期間応募がなかったのが、1週間で1名の募集に対し10名以上の応募があり、人材を選ぶこともできて募集があっという間に終わってしまいました。

有資格者で募集をすると、ハードルが上がり、応募できる人が絞られます。経験者が「私だったらいけるかな」と前向きになり応募に踏み切れるよう、本当に必要な条件と、入社後のOJTや研修があれば必ず明記しておきましょう。

2-3-3　「未経験者歓迎！」だけでは不十分

未経験者歓迎の場合は、未経験者が入社したら、どのような研修やOJTがあるのかを詳細に記載します。そうすれば、未経験者にとっては、入社した後どうなっていくのか具体的なイメージが湧き、安心して応募できます。不安なままでは、応募はできません。また、本当は経験者が欲しいのに、「未経験者歓迎！」と書いていると、未経験者の応募があった際にお互いに時間と手間の無駄になりますので気をつけましょう。

2-4　求職者が応募に踏み切る本当の理由

2-4-1　応募の決め手は給与の他にも

求職者が応募を決めるのは、一番はやはり「給与」でしょうか。ですが、退職理由のトップは「人間関係」です。ということは、応募する時も、人間関係や企業文化のことも、潜在意識の中で、決める要素になっているということです。

人間関係や企業文化を表現する情報のことを、パーパスコンテンツまたはカルチャーコンテンツと言います。パーパスコンテンツは、企業理念、会社の社会における存在価値、事業活動の社会的役割などを表します。カルチャーコンテンツは、社風、企業文化、行動規範などを表します。

この2つのコンテンツを具体的に書くことで、会社の考え方、働く人の価値観、会社の雰囲気、それに社員の休日の過ごし方などが、求職者に伝わります。求職者は、コンテンツを読んで、この会社に入るとどんな人たちとどのような仕事をして、退社後や休日はどんな風に過ごすのかを、イメージします。イメージができてから応募するということは、応募時に会社とのマッチングがされているということです。なので、入社してすぐに辞めることはないでしょう。応募する時は、給与だけではなく、人間関係や社風のことも、求職者は求人サイトから見ているので、コンテンツをしっかりと発信していきましょう。

図2-16

2-4-2　現代の求職者の価値観を知る

企業が一番欲しい人材は、社会人を少し経験した20代から30代前半の世代です。この世代では、競争して一番になるよりは、自分という人間はこうなんだという、「オンリーワンがよい」という価値観の人が増えています。仕事を探す時にも、会社の価値観と自分の価値観とのマッチングを冷静に判断し、企業間で比較もしています。

また、この世代は、50代・60代の家庭を顧みずに仕事に打ち込んできた親を見てきて、リストラや、一流企業でも雇用保障や倒産の危機にさらされることも目の当たりにしています。そういった経験や体験から「自分はそういう生き方ではなく、自分の時間や家族と過ごす時間を大切にしたい」という考えを持っています。募集する側は、欲しい人材がどういう価値観を持っているのかも知っておくと、より意味の深い情報発信になり、求職者の心を動かすことができるでしょう。

2-5 Googleしごと検索対応で応募率が30倍アップ！

2-5-1 すごく使いやすい

Googleしごと検索は、「求職者がしごとを探す」ことだけに特化したサービスです。なので、親しみやすく、使いやすく、検索機能がとても充実しています。

Googleしごと検索は、求人情報掲載のための広告料を一切取っていません。このため、仕事を探す人の使いやすさを最優先して、サービスを提供しています。仮に広告料を取れば、ある程度の忖度が必要で、募集する側と探す側の両者の意見を調整しながら、サービスを構築することになります。なので、今後もGoogleしごと検索は、さらに使いやすくなるでしょう。

使いやすくなれば、使うユーザーが増え、Googleしごと検索経由の応募は、今後ますます増えることになります。

2-6 応募率を上げて採用コストを大幅カット

2-6-1 Googleしごと検索はなぜ応募率が上がるのか？

Googleしごと検索は、使いやすく検索機能が充実しています。求職者がGoogleしごと検索に掲載されている求人サイトに飛んで詳細情報を見る時点で、仕事を選ぶ選択肢がすでに絞り込まれています。そこに知りたい情報が載っていれば、そのまま応募につながるため、応募率が高くなります。

図2-17

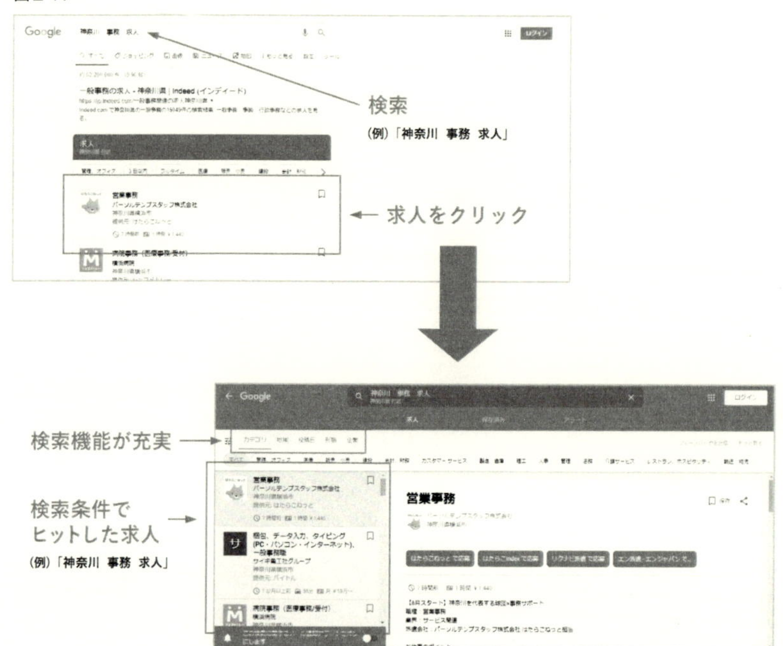

2-6-2 最大のメリット「無料」

Googleしごと検索は無料で求人情報を掲載できるので採用コストを大幅にカットできます。有料のネット求人媒体では、求人数は増え続け、利用する求職者は減っているため、効率は下がり採用単価は上がります。

求職者が応募する理由は、広告枠の大きさではなく、その会社で働きたいと思うか思わないかです。広告枠を大きくするだけでは、残念ながら応募率は上がりません。

求職者にとっては、これまでならハローワーク、とらばーゆ、バイトル・・・などさまざまなネット求人媒体でそれぞれ求人情報を見なければいけませんでした。Googleしごと検索は1つで、さまざまなネット求人媒体が見られます。そうなると、閲覧するサイトが分散され、1つのネット求人媒体からの直接応募は、少なくなっていくのではないでしょうか。

ネット求人媒体を閲覧するユーザー自体が少なくなっている中で、ネット求人媒体に広告費を使う効果は薄れてきています。過去には広告で成功したことがあっても、時代は変化しています。例えば、

・フリーペーパー掲載のサービスが付いたとしても、コンビニや駅のフリーペーパーや求人冊子を持つ人を、電車で見かけることはありません。

・新聞の折り込み広告で出しても、欲しい人材である20代～30代の人たちの多くは、新聞を購読していません。

欲しい人材が閲覧していない媒体に広告費を使うのは、もったいないことです。会社が欲しい人材が居るところに合わせて求人情報を出すことで、採用コストのカットになり、採用単価を抑えることができます。

第3章　会社を辞めない！求人サイトの作り方

3-1　すぐに会社を辞めてしまう原因は求人サイトのここをチェック

3-1-1　事実とは異なる求人内容を載せていませんか？

「入社したら聞いていた話と全然違う！」、「入社したら求人内容に書いてあった仕事と違う！」もしもこのように言われて辞められることになれば、せっかく採用が決まっても、その採用活動が無駄になってしまいます。そんな時は、エントリー・応募を増やすことだけを考えていないか、仕事の内容をオブラートに包んだような表現になっていないか、実際の勤務地が地方なのに都心で勤務できるような表現にしていないかなど、求人情報の掲載内容を見直します。

よくある事例として

・残業月平均5時間程度と記載して募集をしていたのに、実際は月平均40時間程残業があった。
　前職は残業時間が多くワークライフバランスが取れず、退職を決意した方が、次の職場は残業時間少な目を第1希望条件として探していた。残業月平均5時間程度と記載し募集をしていたので入社してみると実際は月平均40時間程残業があった。

・賞与を5カ月分支給すると記載し募集をしていたが、実際は2カ月分しか支給されなかったなど、賞与が実際とは異なっていた。

「賞与5カ月分支給」で募集していたのに、実際は「2カ月分」だった。前職の退職理由が賞与が低いことにあり、転職先は賞与が高いことを条件としていた。求人内容と実際の賞与支給額に隔たりがあった。

・新卒で入社した女性社員が、若くして責任の大きいポジションを任せてもらえるという募集要項を見て応募し入社したが、実際は入社してからコピー取りやお茶くみ、会議の議事録作成などの責任を感じられない仕事しかやらせてもらえず、半年後に退職した。

・入社してから研修期間が勤務地とは異なる地方で行われたり、職種を決めて応募したはずが、配属は適正を判断したうえで配属しますなど、求職者が応募してきた募集要項の条件や勤務地、待遇などが異なる。

・土日完全休みで出勤があった場合は代休を取得できると書いてあったが、実際は上司により取得できたりできなかったりと差があった.。

・転勤に関する記載が求人票に無かったため、転勤は無いと思っていたが、実際は転勤があり、入社してから半年も経たないうちに転勤を命じられた。

異なる内容ではないが、明確にアリ、ナシの記述が無いため、求職者から会社への不信感とギャップが生まれ、退職につながります。

よくあるケースは「月給の表記が、手当・残業代・諸々手当が込みの給与か」この辺が明確でないと不信感とギャップが生まれ退職につながります。

3-1-2 「アットホームな職場」って?

「アットホームな職場です!」「簡単なお仕事です!」というのを、よく見かけます。これらは、現実味がなく曖昧で、誤解されやすい言葉です。「アットホームと書いてあるから応募したけど、実際に入社してみたら全然違った」というのは、実はよくあることなのです。

アットホームな職場という言葉以外で、働きやすさを求職者に伝える方法として、自社の取り組みや実績を伝えることが挙げられます。

例えば、3年後の離職率、平均勤続年数、月平均残業時間などです。

「アットホームな職場」を表現する時は、明確なイメージを伝えるために、実際に社員がアットホームだと感じたイメージシーンや画像、エピソードを載せましょう。

図3-1

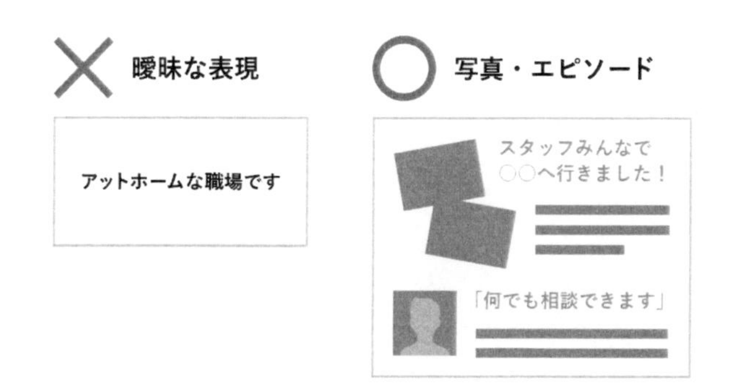

3-1-3　求職者目線で求人サイトを作る

求人情報で大切なのは「求職者目線」です。「取引先に喜ばれています」は、クライアントや取引先に向けた言葉です。求職者に向けた言葉は「未経験で営業職として入社し、3年目です。今では多くの取引先のお客さまに喜ばれる毎日です」となります。同じようで全く違う内容になりますので、求人サイトは求職者が読むことを常に意識して、情報発信をしましょう。

優秀な人材や真剣に仕事を探している求職者ほど、情報収集をしっかり行っています。

求人サイトを作成する際は情報発信だけではなく、求職者の行動にも意識を向けましょう。PCで見た場合のデザインを重視すること自体求職者目線ではありません。求職者はスマートフォンで情報収集を行っています。現在弊社が運営している求人サイトでは全体の応募の85％がスマートフォン経由です。PCで見た場合のデザインよりもスマートフォンからどのように見えるかのデザインを重視しましょう。

図3-2

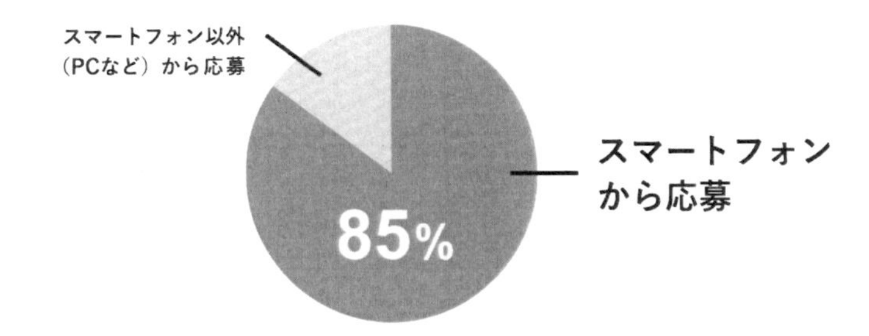

求職者が自社の他の求人や他の情報にアクセスしやすいように、見やすい位置にリンクを張ったり、スマートフォンで見た場合にタップしやすい位置にバナーがあるかなど、サイト内で迷子にならないように工夫する必要があります。

図3-3

このように求職者目線でサイトを作ることにより、より精度の高いマッチングが行え、結果的に離職率が低くなります。

3-2　求職者が求人サイトに求める情報とは

3-2-1　透明性

企業の透明性が重要なのは、最近の求職者はスマートフォンで手軽にどんな情報でも得ることができるからです。求人に限らずに言えることですが、ネット通販でモノを買うときに、出品者の情報やクチコミ、以前どんな商品を出品していたか、信頼に足る業者かどうかなど、あらゆる面から情報を集めると思います。求職活動も同じで、求職者は会社について多くの情報を知るために「口コミ」サイトも見ています。そこには会社の評価や時にはうわさ話のような書き込みがあります。会社を辞めた人が書き込みをすることもあるのです。今や会社情報は、当事者の知らないことまでインターネットに掲載されている時代です。

中途社員の転職理由は、人間関係、労働環境・労働条件、将来性です。

採用してすぐに「話が違う！」と言われ不信感を持たれると、離職につながります。そうならないためにも、労働環境や労働条件などは、事実を記載しましょう。

隠すということは公開したくないという後ろめたい気持ちがあるからだと思います。

繰り返しますが、当事者の知らないところで情報は流れています。採用活動においては、正しい情報を記載し、採用した人材が定着するように、伝える内容を考えていきましょう。

求人サイトでは「残業は少なめ」とあるのに、口コミサイトでは「けっこう残業があって、夜は9時までやっています」とあるとします。こういう場合は、「新卒や1〜2年目は残業は少ないです。年数が経ち責任が重くなるにつれ仕事が増え、給与も増えていく代わりに残業時間も増えていくかもしれません」と求人サイトで伝えます。口コミサイトにどんな情報があるかを知っておけば、ネガティブな情報をリカバリできる情報を載せて、誤解されないよう、事実を伝えることができます。

図3-4

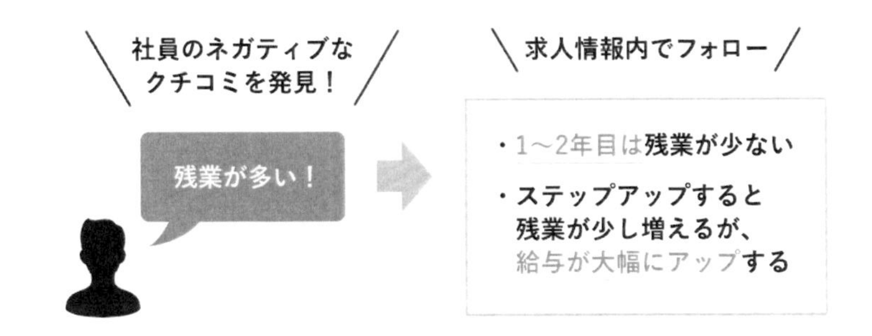

3-2-2　仕事の役割や得られるキャリア

求職者は「この会社でどのようなキャリアを得ることができるのか」を知りたいと思っています。例えば、営業職について「目標を達成しながら、成長していける仕事です」「うちで営業力をつければ、一生どこでもやっていけます」などと書かれていれば、自分の成長をイメージできます。どんなキャリアを得られ、どのように会社の役に立つかをイメージできる情報を発信しましょう。

例）当社で営業職を続けていくとコミュニケーション能力・交渉力が身につきます。当社営業職はコミュニケーション能力・交渉力だけでなく物事の本質を見抜く洞察力も高くなり、当社営業職でスキルアップし独立や上場企業へステップアップを果たした社員もいます。今後の人生に役に立つスキルが習得できます。

3-2-3　仕事の大変さも知りたい

仕事にはいろいろあります。残業しなくていい仕事や、あまり労力を使わない仕事。一方で、忙しくて大変な仕事や、難しくて努力がいる仕事もあります。同時に「大変だから成長する」ということもあります。大変だからやりがいがある、大変な分お客さまに喜ばれる。そういうところも、発信していきましょう。「仕事が大変」だけ載せるとネガティブな感じですが、「その分お客さまに喜ばれてやりがいがある」ことは事実ですし、そこを求める求職者もいます。

高収入であれば、仕事の負担の大きさなど、高収入を得ることができる納得する理由を書くことが重要です。

例として、運送業であれば大型トラックに乗り、深夜に長距離を走る代わりに月給80万円。投資マンションの営業であれば、朝から晩まで顧客に連絡したり、家に出向いたりし目標とノルマに追われ、心に大きなストレスを抱えながら仕事をしている。見返りに、20代半ばで年収1000万プレイヤーになることも可能です。このように高収入を裏付ける仕事の大変さも正直に記載しましょう。

図3-5

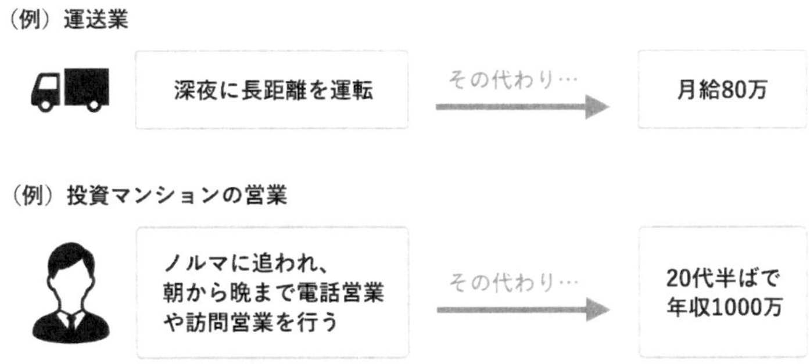

（例）運送業

深夜に長距離を運転　その代わり…→　月給80万

（例）投資マンションの営業

ノルマに追われ、
朝から晩まで電話営業
や訪問営業を行う　その代わり…→　20代半ばで
年収1000万

3-2-4 「○年目で□万円」で将来をイメージ

求職者は「会社に入ってどんなキャリアを描けるか」を考えています。現在、終身雇用制度が崩壊しつつあり、70歳くらいまで働き続けるケースが増えています。そして、企業の寿命はかつては30年と言われていましたが、事業環境の変化のスピードの速さにより、現在はもっと短くなって来ています。求職者がこの会社で将来どのような経験と能力を積めるかをしっかりとイメージしてもらえる情報を発信しましょう。

「未経験で入社して□万円、3年目でどのような業務ができるようになって◇万円、10年目でこんな役職に就いて△万円」というように、キャリアや給与を具体的に記載しておくと分かりやすいです。また、3年目や10年目の経験者に、仕事のやりがい、苦労話、印象に残っている仕事などを聞いて、その内容を載せます。具体的なナマの情報があると、会社での自分の将来を鮮明にイメージしてもらえます。

図3-6

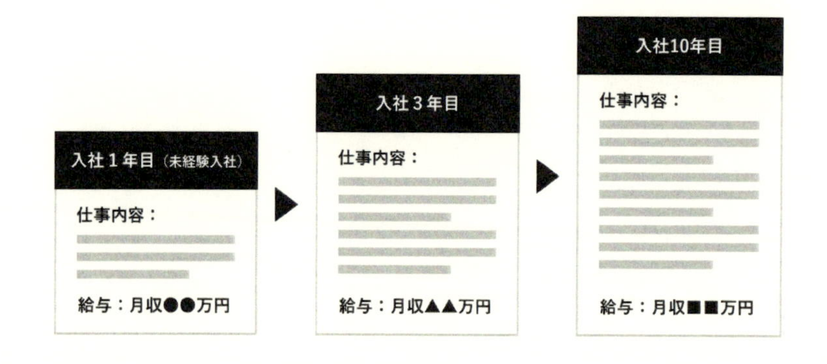

3-2-5　どんな生活を送れるか（ライフスタイル）

「この会社に入ると、どんな生活になるのか」も知りたいと思っています。社員の「一日の流れ」として典型的なスケジュールがあると、とても分かりやすく、会社での自分をイメージできます。

・朝9時までに出勤しなければならないのか
・朝11時までに出勤すればよいのか
・在宅勤務制度やリモートワークが認められているのか
・週3日くらいは出勤せずに家や都合のよい場所で勤務できるのか

このようにどんな生活を送るかで人生は変わってきます。フレックス制や時短勤務がある場合なら、「保育園に子供を預けてから十分間に合う」という理由で応募することもあります。ライフスタイルに関する情報は、人生そのものに影響するので、応募の動機づけとして訴求力があります。

図3-7

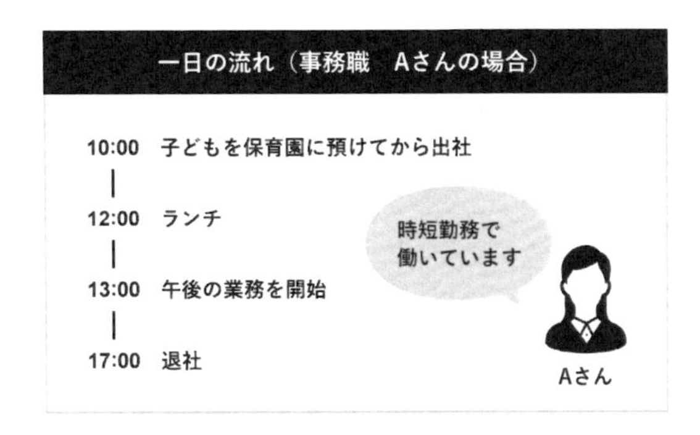

3-3 「こんなはずじゃなかった」をなくし「この会社に入ってよかった」にする

3-3-1　多様化した価値観に訴求するために

「こんなはずじゃなかった」になるのは、入社前に思い描いているビジョンと入社後のギャップがあるからです。ギャップが生じやすい部分は給与や休暇はもちろん、職場の雰囲気や仕事のやり方・やりがいなどの部分です。求人サイト内の社風や企業文化、詳細な給与や休暇についての情報を見直しましょう。

人の価値観はさまざまなので、それぞれに合ったコンテンツを載せます。

・給与を重視するタイプの求職者向けには、給与・手当・賞与、その他にも資格取得の手当てや目標達成のインセンティブがあるのかどうかも詳しく書きます。
　例えば、月間の目標がいくらで、100％達成でインセンティブがどのくらい付くか、

120％達成でどのくらいのインセンティブが付くのか、年間目標をクリアしていれば賞与にどのくらい反映されるのかなど。

・休暇を重視するタイプの求職者向けには、有給休暇は半日単位か1日単位か、まとめて取れるのか、育休は何カ月なのかなども書いておきます。「育休有り」だけでは不十分です。
例えば、普段の土日の休みと合わせて有給休暇を取得し、1週間くらいの旅行に行けるか、そのようなことができるのであれば、実際にオウンドメディア内に旅行先での思い出の写真や社員のコメントなどを載せる工夫をすることにより、実際に休暇が取りやすい環境であることをアピールできます。

・将来のキャリアアップを望んでいる求職者向けには、3年目、5年目の社員に実際の話を聞いて、どのくらいの給与でどんな仕事をしているのかを書きます。
例えば、目標値を2期連続達成で主任になり、新人や後輩に仕事を教える役割を担ったり、3期連続達成で係長になり、課長の補助役も担うことになれば、管理職へのステップを歩んでいくことになります。部下の人数によって、管理職としての手当が多くもらえるようになり、会社を支える幹部としてのモチベーションを高めることにつながります。

・中小企業であれば、お金以外にどんなことを得られるのか、それが技術なのか経験なのかも明記します。
例えば、中小企業は大手企業と比べて会社の規模や従業員の人数が少ないため、入社してから早い段階で責任のある仕事や部署を任せられるケースが多く、転勤もほとんどなく、特定の地域に長く住むことができ、ワークライフバランスを取りやすい環境であることも多いなどです。

会社によっては、大手企業ではなかなか経験することのできない現場での経験や大手企業に負けないくらいの技術を積むことも可能です。

これらのいずれかの情報にピンと来た人材が応募します。「賞与有り」「育休有り」「昇給有り」だけでは、具体性がなく、求職者は「この会社で仕事をするうえで、自分の価値観を大切にできるか」どうかをイメージできません。いつ、どこで、誰に、何を、なぜ、どのようにの視点で(5W1H)で詳細に記載することによって、他社と比べられた場合にも、情報が多く具体性があるほうが、会社への理解が深まり選ばれる確率が高くなります。

図3-8

「第5章　Googleしごと検索対応のオウンドメディア成功事例」で紹介しますが、15年間人材不足に悩んでいた企業が、それまで漠然としたペルソナ設定、仕事内容、そして給与詳細の記載だったものを、いつ、ど

こで、誰に、何を、なぜ、どのようにの視点（5W1H）に則って具体的に記載し直したところ、複数名の正社員を採用することができ、慢性的な人材不足から脱却することができました。

3-3-2　求人サイトは「会社の第一印象」

今の世の中、何かを「探す」時は、自分の足で歩くよりも、まずは「ネットで調べる」時代です。求人情報もスマートフォンで、ネットで深く検索します。求職者が最初にたどり着くページは、会社のトップページではなく、求人情報の詳細ページです。ここで第一印象が決まります。

中途の求職者が欲しい情報は給与はどのくらいか、自分のスキルをどのように評価してくれるのか、スキルアップできるのか、残業時間はどのくらいで、休みは多いのか、会社の将来性はどのようなものかなどです。ハローワーク、バイトル、とらばーゆなど多くのネット求人媒体では、掲載できる情報量が限られていて似たような情報が掲載されています。

図3-9

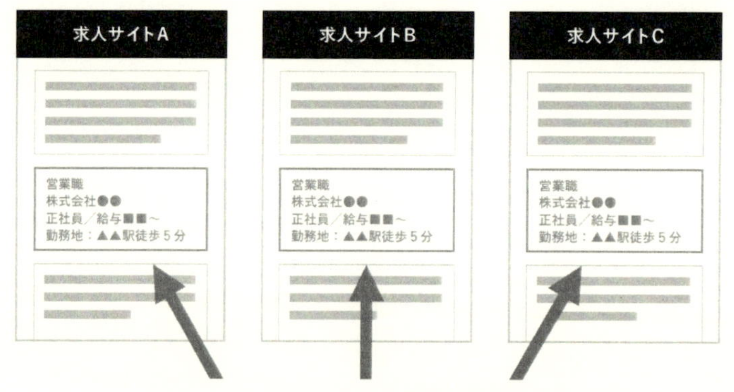

そんな中、求人サイトに知りたい情報があれば、情報がないところよ

りも、ある会社が選ばれます。インターネットを使いこなす世代は、情報収集能力に長けているので、求職者の知りたい情報を、いかに求人サイトで発信するかが、今の時代にとても大切です。社長の長所や短所も含めた人柄や、どんな経営方針を持っているのかを明記することも有効です。

そして、その求人サイトに掲載されている、パーパスコンテンツやカルチャーコンテンツを見て「この会社で働きたいか」どうかを決めます。人材採用は企業にとって重要な役割を担う未来への投資です。優秀な人材を獲得するためにはある程度の投資や労力を覚悟する必要があります。コンテンツが発信されていれば、求職者とのマッチングが自然に行われ、入社後に「こんなはずじゃなかった」とはならず、「この会社に入ってやっぱりよかった」となるのです。

第4章　求人情報を発信する自社サイト「オウンドメディア」

4-1 「オウンドメディア」とは

「オウンドメディア」ですぐにイメージされるのは、インターネットで情報発信をしているホームページやブログが一般的です。それらも含めて、オウンドメディアとは、自社で運用管理し、情報を発信するメディアのことで、広い意味では情報誌や機関誌などの紙媒体も含まれます。コーポレートサイト、ポータルサイトなども、「オウンドメディア」に分類されます。

オウンドメディアの「オウンド（owned）」を翻訳すると「所有している」という意味であり、自社で所有しているメディアを差します。日本では一般的に、コンテンツを定期的に配信する「ブログ」を指すことが多いです。

図 4-1

自社求人サイトでは自社で所有・運用するサイトなので、仕様、設計、情報の内容などを自由に決められ、編集、追加や更新ができます。

オウンドメディア化された求人サイトは、基本の求人情報を軸に、オウンドメディアの一部のコンテンツとして

・会社情報
・パーパスコンテンツ（企業理念、存在価値）
・カルチャーコンテンツ（社風や制度）
・社員の働く様子
・イベントや休日の様子

などを発信、さらにSNSでも発信したりプレスリリースをしたりすることで、価値のある求人専用のオウンドメディアに育ちます。

4-1-1　オウンドメディアの３つの特長

（1）無料

求人情報を掲載するのにお金を払うネット求人媒体に対し、自社サイトで求人情報を発信するので、掲載費、広告費などの費用がかかりません。

⑵ カテゴリや文字数制限なし

ネット求人媒体では、文字数、画像の枚数、情報の内容などに制限がありますが、オウンドメディアは制限がないので精度の高い情報を発信できます。

⑶ 信頼性

情報を見る側にとって、有料の広告より、検索結果に表示される情報のほうが信頼できます。検索結果に表示されるということは、多くの人にクリックされて支持されているということです。

4-1-2 知っておきたい3つのメディア「トリプルメディア」

人材の獲得は競争の時代に入り、採用にも「戦略」が必要です。そのためには、以下の3つのメディアを有効活用することが理想とされています。

・オウンドメディア
・ペイドメディア
・アーンドメディア

・オウンドメディア

前述の通り、自社で運用管理し、情報を発信するメディアのことで広い意味では、情報誌や機関誌などの紙媒体も含まれます。コーポレートサイト、ポータルサイトなども、「オウンドメディア」に分類されます。

自社で所有・運用する求人サイトもオウンドメディアに含まれます。

・ペイドメディア

『ペイド（お金を払う）＋メディア（媒体)』という意味です。GoogleやYahoo!をはじめとするリスティング広告やディスプレイ広告などの広告媒体のことです。短期的にお金を払いインターネット上に掲載させ、ユーザーの目につきやすくします。オウンドメディアが、掲載情報に制限がないのに対し、ペイドメディアは、掲載内容や情報量にメディアを運営する企業側が決めた制限があります。求人の世界では、Indeedをはじめとするネット求人媒体や紙媒体などでの有料掲載を指します。

・アーンドメディア

『アーンド（獲得する）＋メディア（媒体）』という意味です。Facebook、TwitterやInstagramなどのSNSを指し、ユーザーの支持や信頼を獲得するメディアです。おもにコミュニケーションツールとして使われます。

図表4-2　トリプルメディアの比較

メディア種類	オウンドメディア	ペイドメディア	アーンドメディア
定義	自社所有メディア	費用がかかるメディア	消費者・ユーザーが情報の起点となるメディア
用途	トリプルメディアのハブ、求職者と関係構築、ブランディング	求職者獲得、オウンドメディアへ誘導	拡散、オウンドメディアへ誘導
例	自社求人サイト、コーポレートサイト	有料ネット求人媒体、リスティング広告、ディスプレイ広告、Indeed	Facebook、Twitter、Instagram
メリット	資産になる、自由な編集、費用が安い	即効性	拡散性
デメリット	手間がかかる、ノウハウが必要	費用が高い	ネガティブな拡散の可能性もある

4-1-3　トリプルメディアの相乗効果

ペイドメディアやアーンドメディアを使い、自社の求人サイトであるオウンドメディアを、インターネット上に拡散させることができます。

SNSが急速に発達したおかげで、無料のSNSと有料のペイドメディアの両方を効率よく使い、オウンドメディアを多くの人に見てもらえる環境が整っています。

図4-3

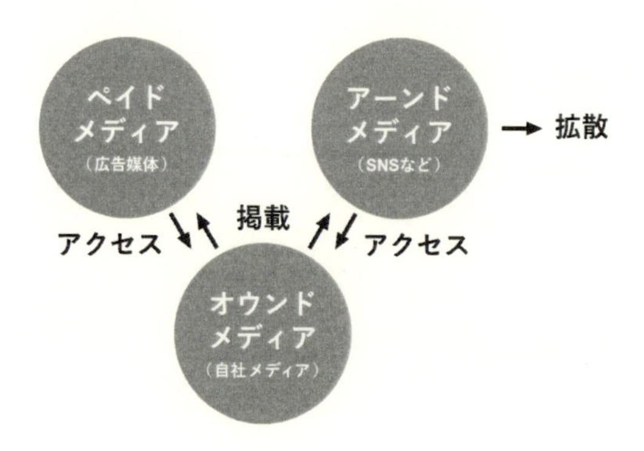

このようにオウンドメディアがあると、オウンドメディアを中心として、採用活動をインターネット上でどんどん広げていくことができます。

もしも、オウンドメディアがなければ、ネット求人媒体ごとの求人情報を作らなくてはいけません。オウンドメディアは、それらを1つに集約したハブの役割を担います。新しいペイドメディア（ネット求人媒体）やアーンドメディア（SNS）が出てきても、新しくサイトを作る必要はなく、そこにオウンドメディアを乗せる（リンクを張る）だけで、採用活動がインターネット上でさらに広がっていくのです。

図4-4

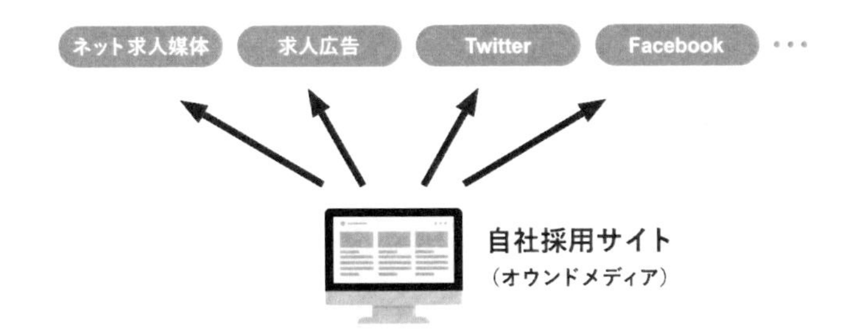

4-1-4　参考になる大手企業のオウンドメディア

優秀な人材が必要な大手企業は既に完璧なオウンドメディア化された求人サイトを運営しています。大手企業（認知度が高い会社）であれば黙っていてもある程度人材は集まりますが、より優秀で自社に合う人材を求めるのであれば、手間がかかってもオウンドメディア化された求人サイトが効果があり、人材採用には必要なツールとなっています。

大手企業で既に運用されている採用専用のオウンドメディアをいくつかご紹介します。求職者に人気のある大手企業であっても、より優秀な自社に合う人材獲得のためには、オウンドメディアは必要なツールであり有効な手段です。

大手企業の採用専用オウンドメディアの一例

・株式会社メルカリ

https://mercan.mercari.com/

・株式会社サイバーエージェント

https://www.cyberagent.co.jp/careers/

・株式会社良品計画

https://careers.muji.com/

・株式会社ビズリーチ

https://www.bizreach.co.jp/recruit/

・楽天株式会社

https://corp.rakuten.co.jp/careers/

4-1-5　オウンドメディアとセットで効果のあるコンテンツマーケティング

コンテンツマーケティングとは、顧客（求職者）に価値ある情報を発信することにより、顧客（求職者）との信頼関係を作り上げ、行動につなげるマーケティング手法と定義されます。オウンドメディア内のツールとして上手に利用すれば大きな効果（採用）をもたらします。パーパスコンテンツ（企業理念、存在価値）やカルチャーコンテンツ（社風や制度）など内容の区別によるものと、コラム型、事例型、動画型、メール型などの技術的な種類で区別されるものがあります。自社の状況に合わせて、有効なコンテンツを利用しましょう。

・コラム型

コンテンツマーケティングで最もポピュラーなコンテンツです。求人サイト内にブログ形式で企業情報・社員紹介などを作っていきます。通常、コラムごとにタイトルやディスクリプション（概要）を設定しコラムの本数が蓄積されていけばSEO的に求人サイトとしての評価が高くなり、コラムだけでなく、求人サイト内のページ（求人情報など）も検索エンジンでヒットしやすくなります。

・事例型

コンテンツマーケティングの中で1番、信頼性が高くなるコンテンツです。

「社員成長事例」や「新卒社員の入社感想」を写真付きで紹介することでより真実味が増し、求職者が転職先を選ぶ、重要な情報になります。

図4-5

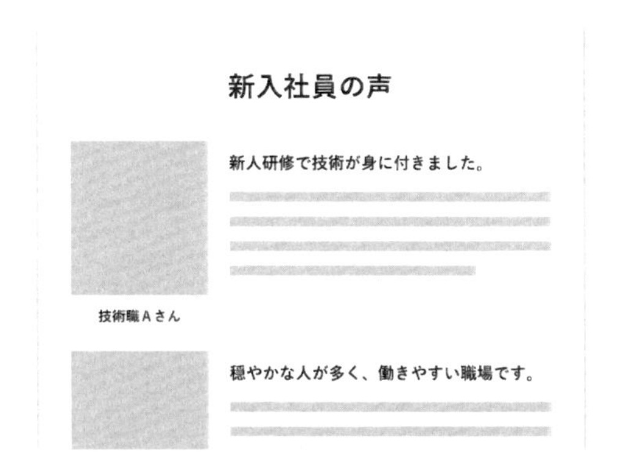

・動画型

動画型は、求職者にメッセージが最も伝わるコンテンツです。動画編集ソフトの普及により動画が簡単に制作・編集ができるようになり、ノウハウのない一般企業でも扱うことができるようになりました。採用説明会で動画を活用する企業もあります。今後、一斉採用から通年採用に変わる時には、一度作っておけばいつでも使える動画型コンテンツは、有効で便利なツールになるでしょう。

図4-6

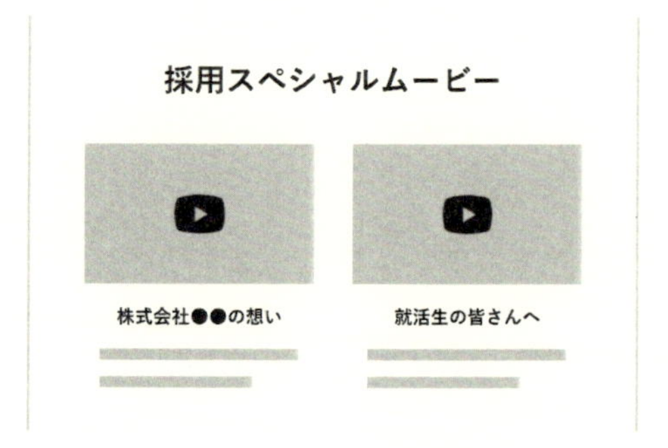

・メール型

メールコンテンツはネット求人媒体の主流のサービスです。「スカウトメール」や「イベントのお知らせ」など企業から定期的にメールで発信することにより、求職者に思い出してもらう効果があります。低コストで行えるマーケティング手法の1つです。

図4-7

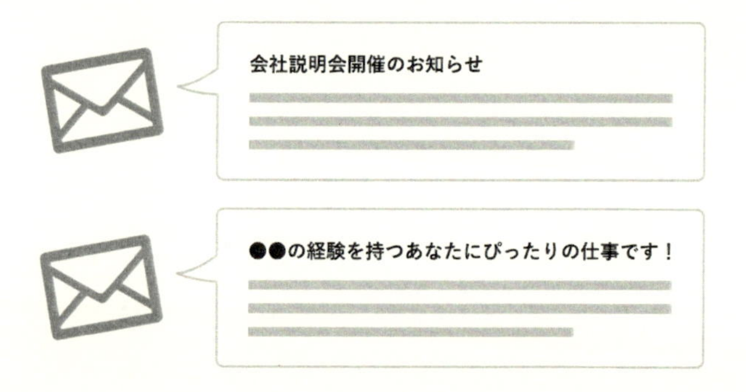

4-1-6　なぜ、オウンドメディアが注目されるのか

理由の1つは、従来の広告テクニックでは、採算が合わなくなってきたことにあります。スマートフォンの普及により、いつでも情報にアクセスできるようになりました。そのため、いろいろな情報を簡単に比較ができるようになったことや、有料の広告やサービスに対して警戒心が強くなったことで、簡単に応募やエントリーがされなくなりました。

その結果、求職者との信頼関係を築くことができるオウンドメディアが注目されるようになったのです。また、SNSの拡散力・影響力も強くなり、SNSの受け皿として使われ注目されているのです。

4-2　発信する情報で会社の未来が決まる

オウンドメディアには、求人条件だけではなく、社員のキャリア、社内のイベント、社員の休日の過ごし方などを掲載します。オウンドメディアを訪れ、閲覧している人にとってはオウンドメディアは会社そのものです。

せっかくオウンドメディアを作ったのに更新していなかったり、社員同士の仲が良いと謳っているのに、社内イベントの様子が全く載っていなかったりすると、オウンドメディアを訪れた求職者の方はどう思うでしょうか。おそらく、「一貫性がない会社」や「不透明な会社」という感想を持つでしょう。自社のブランディングという観点からも、オウンドメディアで発信する情報で会社の将来や方向性が決まって来るのです。

オウンドメディアは、採用母集団形成のために数百人規模の説明会を開催したり、母集団から一次面接で100人面接、二次面接で30人面接、最終面接で10人面接・・・というこれまでの採用の仕組みや流れを大きく変えることになるでしょう。オウンドメディアで情報発信をすることによって、適正を見極める面接を何回もすることなく、自社の企業文化や制度に共感した求職者が自ら応募してきます。オウンドメディアを見て

会社に興味を持ち、「この会社で働きたい」と思った人が応募し、その会社の将来を作って行くのです。

4-3　オウンドメディア化された求人サイトの構築方法大公開

自社求人サイトをオウンドメディア化する具体的な作成手段を説明します。

4-3-1　Step 1 〜 Step 4：求人サイトの作り方

Step 1

欲しい人材をペルソナ化する。

年齢、キャリア、性別、学歴、家族構成、転職理由などを具現化。よく使うメディア、キーワードなどを仮定。1求人に1ペルソナを設定。

Step 2

競合他社（ペルソナが選ぶ比較対象）の募集内容を確認する。

ペルソナ視点で比べた時の、自社の強み・弱みを知る。

Step 3

他社にはない、または他社よりも優れている自社の魅力を再発見する。

自社の魅力は、会社では「当たり前」のことに眠っている。物価の安い地域性、フレックスタイム制、半日休暇制度、社内表彰、飲み会など。欲しい人材が転職する理由から強みを発見する。直近に入社した方に自社を選んだ理由を聞くと、案外採用担当の方が「当たり前」に思っていることが魅力になっていることがあります。

Step 4

求人サイトを設計する。

・ペルソナをカテゴライズし、店舗×職種×雇用形態でそれぞれ別々の

求人として作る

・会社概要を作る（会社ホームページへのリンクでもOK）

・事業内容（会社ホームページへのリンクでもOK、ペルソナ視点に変更するとベター）

・コンテンツ

- パーパスコンテンツ（企業理念、存在意義）
- カルチャーコンテンツ（社風、企業文化、行動規範）
- その他コンテンツ：コラム、ブログ

a）日々の業務紹介、研修の様子、外部勉強会の参加の様子など

b）会社紹介、社員紹介は最大限詳細に記載する

勤続年数の異なる社員を複数人モデルとする。

c）書く人を決める（専任、社員が交代、外注）最初から完璧に作ろうとはせず、まずは情報や素材（写真）を集め、文章にしやすいものから1本ずつ作成。少しずつ慣れながらルーチン化する。

d）ペルソナが検索する時のキーワードを調べる（Googleキーワードプランナー、サジェストツール）

e）画像は自社のものをなるべく使う（自社の雰囲気が伝わる。フリー画像は広告っぽくなる）

f）コンテンツ＜—＞求人情報詳細ページの導線を作る

・「応募」への確実な導線を作る

図4-8

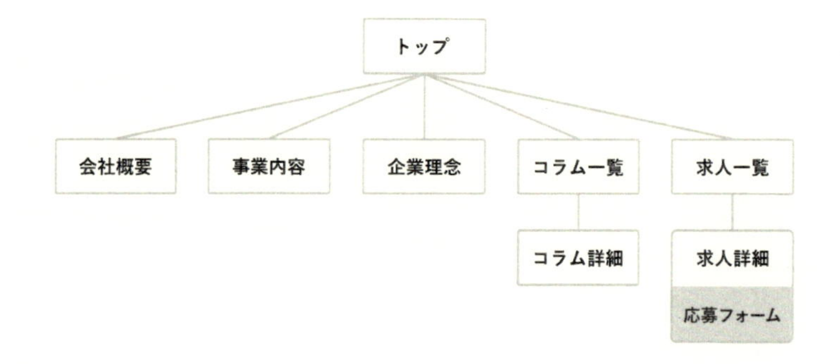

4-3-2　Step 5 ～ Step 7：新しく作ったオウンドメディアをインターネット上で拡散する

Step 5

最初はペイドメディア（広告）を使い、知名度を上げる。

オウンドメディアを作っただけでは、その存在さえも知られていないので、アクセスはありません。そのため、初期においてはサイトの知名度を上げるために、Indeedへ掲載することをおすすめします。Indeedは、複数の主なネット求人媒体の情報がまとまっていて、求職者に使いやすいメディアです。Indeedには「集客力」があり、かつAIによる求職者とのマッチングを行っています。必要に応じて広告も有効です。

【Indeed対応のための必須条件】

1）求人詳細ページはホームページの形式であること

2）1つの仕事内容×1か所の勤務地の求人情報が1つのURL（1ページ）で作成されていること

3）同じ仕事内容であれば、「正社員」と「アルバイト」でそれぞれページを作ることはできない。正社員とアルバイトは「仕事内容」で分けそれぞれのページを作る。アルバイトで週の労働日数が異なるだけで（週3日や週4日など）仕事内容が同じ場合はそれぞれのページを作ることができない

図4-9

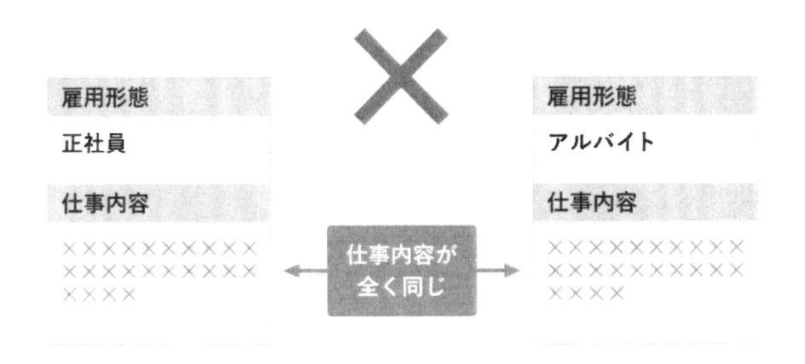

4）求人詳細ページに勤務地、会社情報、条件などが記載されていること

5）求人詳細ページには応募フォームや応募ボタン等があり、すぐに応募できること

6）求人詳細ページを閲覧するためにユーザー登録が必要ないこと

7）求職者が求人への応募をするにあたりお金がかからないこと

8）求人詳細ページへの「一覧」ページが必要

9）当該オウンドメディア以外のサイトに自動転送されないこと

10）その他、誹謗中傷禁止などのIndeedの掲載基準を順守すること

Step 6

オウンドメディアをGoogleしごと検索に対応させる。

構造化データマークアップで対応する。

（「第1章　将来も人材募集に困らない求人サイトはこう作る」の「1-1-3 Googleしごと検索に求人情報を対応させる方法」を参照してください。）

Step 7

アーンドメディアで拡散する。

それぞれのSNS（Facebook、Twitter、Instagramなど）で会社のアカウントを取得。求人サイトをSNSで紹介して、インターネット上に拡散する。

図4-10　インターネット上でのオウンドメディア、ペイドメディア、アーンドメディア（SNS）、会社ホームページ、Google、Indeed、Googleしごと検索の相関図

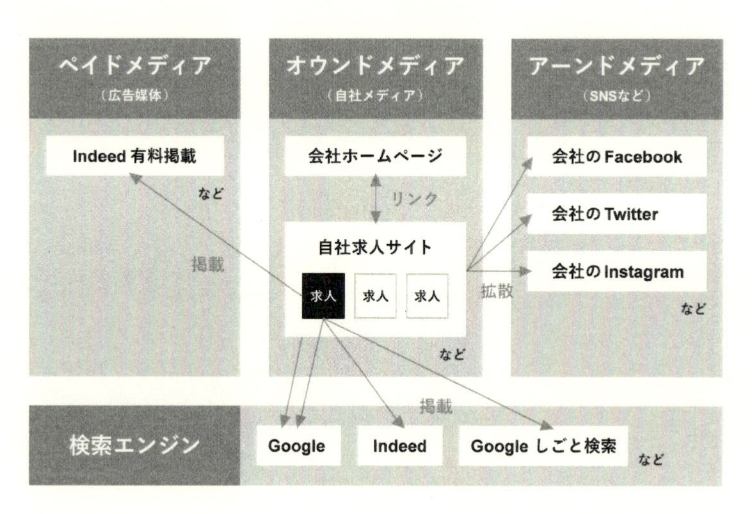

4-4　「オウンドメディア」×「Googleしごと検索」で広告費ゼロ！将来も人材募集にずっと困らない会社に

4-4-1　直接応募で広告費ゼロに

ネット求人媒体に求人情報を掲載するためには、掲載費や広告費が必要です。

しかしGoogleしごと検索では、オウンドメディア側がGoogleしごと検

索に対応さえすれば自動で掲載され、費用は発生しません。Googleしごと検索経由で、オウンドメディアから直接応募がくるようになれば、今まで費用がかかっていた求人広告費はゼロになります。

4-4-2　オウンドメディア＝会社の資産

求人広告費が削減できると、採用活動にかかる経費も削減できます。その分、オウンドメディアの構築や、オウンドメディア上のコンテンツを充実させたりすることに経費を使えるようになります。

オウンドメディアでは、求人情報の他にも、会社概要、事業内容、社風、社内イベントなどさまざまなコンテンツを発信することができます。社員一人ひとりが自身のキャリアや思いも自由に発信することができます。これらのコンテンツを1つずつ積み重ねていくことにより、オウンドメディアは「会社を表現する」力を持ったメディアに育ちます。

作るコンテンツはすべて、会社の資産として蓄積されます。ネット求人媒体などのペイドメディアへの広告掲載は、短期間だけのもので、短期間の経費であり、ペイドメディアに短期間掲載した求人情報そのものが長期的な利益を産むことはありません。同じ30万円をかけても、ペイドメディアは一時的経費で終わるのに対し、オウンドメディアは積み重なり長期的に「会社の資産」となっていくのです。

オウンドメディアを運営する上で気を付ける点として、

・人の権利やプライバシーを侵害する情報が含まれていないか（芸能人や他人の写真が使われていないか）
・差別的な言葉や社会通念上問題となるような言葉が使われていないか
・会社の機密が含まれていないか
・その他会社の方針と異なることが書かれていないか（事実とは異なることが書かれていないか）

などが挙げられます。

オウンドメディアは会社の資産となりますが、運用の方法を誤るとマイナスの資産となることもありますのでチェックシートを作り、コンテンツごとにチェックを行うと安心です。

図4-11

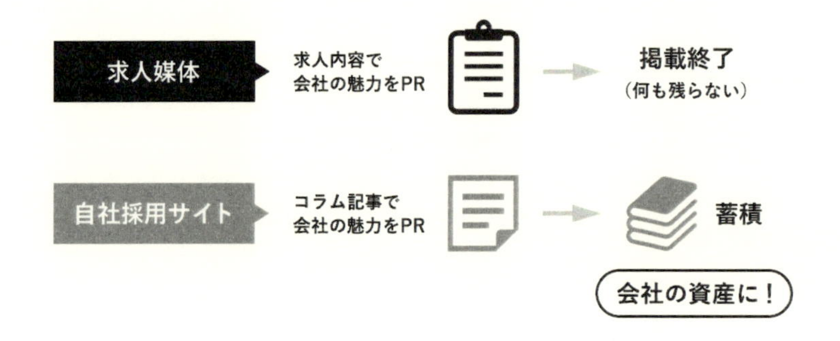

4-4-3　人が集まる会社は応募が集まる、応募が集まる会社は人が集まる

オウンドメディアに多くの人が訪れ閲覧すると、検索結果で上位に表示されるようになります。上位に表示されるようになれば求職者に見つけてもらいやすくなります。求職者の求める情報を積極的に掲載していれば、さらに多くの求職者に読まれ、サイトへの滞在時間が長くなり、結果的に応募につながるチャンスが増えます。サイトに訪れる求職者が増えれば増えるほど、さらに検索順位が上がり・・・このように、オウンドメディアがあれば採用活動の好循環を作り出すことができるのです。

図4-12

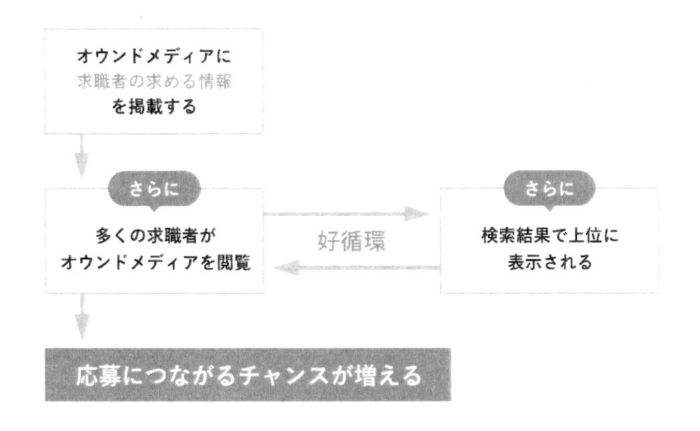

4-4-4 離職率の低下

オウンドメディアの情報から、求職者は、会社の理念、文化、制度、社風などに共感し、自分のライフスタイルを思い描いて応募します。応募する時には、求職者自身がオウンドメディアの情報に目を通してから応募してきているため、求職者と会社とのマッチングが既にできている状態です。なので、入社してから「思い描いていた働くイメージと違う」という理由で早期に離職する人は格段に減ります。離職率を下げることができれば、採用コストは自然と削減されます。

4-4-5 オウンドメディアで自社のファンを増やす

オウンドメディアから情報発信を継続的に行っていると、そのコンテンツの続きや他のコンテンツも読みたい「読者」がつきます。読者に気に入ってもらえれば「ファン」になってもらえます。

「会社のファン」というのは、「あの会社っていいな」「あんな会社で働けるといいな」「あの会社なら働いてみてもいいかな」と感じている人たちです。SNS（Twitter、Facebook、Instagramなど）を利用すれば、ファンの人たちと直接コミュニケーションを取ることも可能です。オウンドメディアは、大切な「人材」を確保するだけでなく、ファンを増やし企業イメージを上げてくれるメリットもあるのです。

図4-13

4-4-6　転職が当たり前の時代の情報発信のあり方

転職をすることが当たり前になった時代に、オウンドメディアは、常に求職者の求める情報を発信し続けることと、一定の人気を保つことが求められます。そのためには「更新」をし続けることが必要になってきます。掲載されている情報が古いままだと企業のマイナスイメージになりかねません。オウンドメディアは一度作成してしまえば、あとは更新を行うのみです。採用活動のたびに新しく求人情報やコンテンツを作るより、継続的な更新のほうが実際は手間がかかりません。求職者が関心のある情報を発信し続け、人気のあるオウンドメディアに育てましょう。

4-4-7　オウンドメディアが社員の意識を高める

オウンドメディアからの情報発信で本当に価値があるのは、「社員が日々どのような思いでどのように仕事に取り組んでいるか」の情報です。

オウンドメディアだからこそ、発信できることであり、求職者が一番知りたい情報でもあります。社員自身が常に外部に発信される対象になり、会社が魅力的に映るようにという当事者意識が高くなります。支店・営業所や店舗が違う社員同士においてもよい影響を与え合います。

オウンドメディアは、自社に限りなくマッチングした長期間勤務可能な人材や、高付加価値人材も獲得することができます。そして、今いる社員のモチベーションを上げることもできるのです。

第5章　Googleしごと検索対応のオウンドメディア成功事例

日本には約420万の中小企業があり、そこでは従業員の高齢化が進み、若手を採用し会社の若返りをはかりたいと考えている企業も多いのではないかと思います。

人材獲得が激化する中で、社員数の増強、社内の若返り、そして自社にマッチした高付加価値人材を獲得することができた事例をご紹介させて頂きます。

成功事例1

1カ月で60名以上の大量応募から5名採用。採用の質を向上させた就労支援事業所

【Before】

就労支援事業では、ネット求人媒体に出せばすぐに人が集まっていました。しかし2018年頃から、正社員専門のネット求人媒体に出稿しても、思うように応募が集まらなくなりました。

【改善ポイント】

オウンドメディアの運用を開始し、主に以下の詳しい情報を丁寧に発信しました。

・普段の仕事内容や仕事中の様子

・仕事に対する思い

・企業理念

・既存社員のインタビューをメインにどんな瞬間にやりがいを感じ、前職のどのような経験が役に立っているのか

・現在勤務している職員の経歴やキャリア
・採用の門戸を広げ、今まで培ったさまざまな能力が役に立つことを求職者にアピール

【After】

今まで一般企業で培った経験や知識を違う形で活かしてみたい、これからのキャリアをもっと社会に貢献できる仕事で積んでいきたい、と考えている人からの応募が殺到しました。

それまで正社員専門のネット求人媒体に求人を出し、応募があってもせいぜい5名という状況から、オウンドメディア運用開始から1カ月で60名以上の応募を獲得することができました。

応募者数が今までよりも爆発的に増えたため、企業理念や企業文化、仕事内容に本当に合った人材だけを採用し、採用の質を向上させることにも成功しました。

オウンドメディアの活用で質の高い採用ができたので、今後は広告費用を抑え、欲しい人材のみ採用していけることを確信しています。

成功事例2

ネット求人媒体で全く採用できなかった「採用難職種」大型10tトラックドライバーが3カ月で充足

【Before】

4～5年前は紙媒体とネット求人媒体で、大型トラックドライバーを募集すれば2カ月で1～2人採用できていました。しかし、ここ2年くらいで急に採用できなくなりました。何とかならないかと、取引先を通じて採用支援のご相談を受けました。

【改善ポイント】

まずは、今までの求人媒体に出していた求人原稿をチェックしました。

すると、「月給○○円の大型10tトラックドライバー」のみで、どのような会社か、どのような人材が欲しいかの記載がありませんでした。これでは最新の採用市場では戦えないので、オウンドメディアを運用開始することにしました。

他社よりも魅力的な点は、どんなところかを社員にインタビューしました。

・他の運送会社とどこが違うか
・会社や仕事のどんなところに魅力を感じるか
・友人や知人にこの会社をオススメするとしたらどんなところか

以下のような回答が得られたので、その答えを元に、オウンドメディアで、会社の魅力を発信しました。

・大型トラックドライバーは、月収が同業他社よりも高い
・何よりも会社がドライバーを大切にしてくれている
・社員同士の仲がよく、昼休みや定時後に事務所で楽しく雑談などをしている
・独身は家賃がかからない社宅（独身寮）がある

採用担当の方にとっては、当たり前になっていることや制度が、アピールポイントとなりました。

【After】

オウンドメディアの運用開始1カ月目で複数件の応募があり、2カ月目で採用に結びつき、3カ月目には応募〜面接〜採用といったよいサイクルが回りだしました。オウンドメディア運用開始3カ月後には、「採用難職種」と呼ばれる大型トラックドライバーの人材充足に成功しました。

成功事例3

月間登録者数100名以上を達成した人材派遣会社

【Before】

創業当初よりネット求人媒体で人材獲得を行っていましたが、2年ほど前から求職者の反応が鈍くなり、新しい採用手法を確立しなければ派遣先からのオーダーに対応できないというひっ迫した状況でした。

【改善ポイント】

他社との差別化を図るために、単に求職者獲得用のオウンドメディアを制作するのではなく、キャリア支援やスキルアップ講習を積極的に行い、その様子をオウンドメディア内に設置した「キャリア支援」「スキルアップ講習の様子」というタイトルで特設コラムを作成し、SNS（Twitter）で発信を始めました。

【After】

その結果、登録者数がネット求人媒体を利用していた時の10倍になり、オウンドメディアの運用開始から3カ月で、100名以上の登録を獲得することができました。

成功事例4

登録率（応募率）25％で登録コストの大幅カットができた介護職専門人材紹介会社

新規事業として需要が高まっている介護職の人材紹介会社を立ち上げることとなったこちらの企業。

【ポイント】

単に求職者獲得用のサイトを作るのではなく、特定の地域に絞り、扱う職種の専門性を高めることにより、他社との差別化を目的としていました。

そこで弊社に、地域×職種で他社とは違う専門性や入職までの手厚いフォロー、などを前面に打ち出したオウンドメディアの作成をご依頼頂きました。

コラムや求職者に役立つ豆知識、転職の際に気を付ければならない点などの記事を週1回で発信し、SNS（主にTwitter、Facebook）で拡散、求職者とコミュニケーションの接点を持ち、オウンドメディアの知名度を高める戦略をとりました。

【After】

人材紹介事業用のオウンドメディアの運営開始から、1カ月目で15名の登録があり、2カ月目には30名の登録者を獲得することができました。

2019年6月現在も順調に登録者数が伸びており、週1回更新しているコラムは閲覧者が増え、コラム経由の登録者が右肩上がりで伸びています。

特定の地域と職種に特化していることで、求職者から他社とは違う専門性を持っている人材紹介会社というブランドを確立することに成功しました。

現在、他の地域と職種に特化した人材紹介事業用のオウンドメディアを立ち上げ、同じく軌道に乗せています。

成功事例5

地元に根ざして70年の老舗企業、社員の高齢化を救う20代社員を1カ月で採用

【Before】

地元で70年以上続く老舗企業。従業員の半数以上が50代以上、1番若くて40代ということもあり、何とか会社の若返りを図るためにも20代を採用したいという思いが強くありました。しかし、求人媒体に使える金額は限られており、「できる限り費用を抑えて、20代を採用すること」が

急務でした。

【改善ポイント】

求人サイト兼オウンドメディアを作り、会社のよいところ、普段の会社の様子、イベントの様子などを発信しました。

・他社には無い70年以上の歴史があること
・地元のお客さまに愛されていること
・ニッチな工業製品を取り扱っていること
・日々の仕事の様子
・社員同士で休日に出かけた様子
・地元のお客さまたちと一緒に行った懇親旅行の様子

会社と地元とのつながりをアピールするコンテンツを、重点的に発信していきました。

【After】

運用開始から1カ月で、それまでどんな求人媒体を使っても採用できなかった正社員を、1名採用できました。しかも一番求めていた20代です。

応募の決め手は、前職はお客さまとの交流や社内での交流が少なく、人情味のある仕事に就きたいという思いから転職を決意。地元のお客さまや社内での交流が活発なこの会社の企業文化に共感したというものでした。

成功事例6

15年間の人手不足が、3カ月で解消した夜勤の市場

【Before】

15年間、あらゆる求人媒体を利用したものの、夜勤の正社員の応募がありませんでした。正社員の採用自体をあきらめかけていた時、藁をもすがる思いで弊社に採用支援を依頼されたとのことでした。

【改善ポイント】

オウンドメディアの運用を開始しました。

まずは、市場での夜勤という特殊な環境での仕事内容と仕事への思いを、インタビューしました。

・現在どんな方々が働いているか
・その人たちはどこに仕事のやりがいを感じるか
・長く勤務している理由は何か
・普段はどんな生活をしているか

そこから得られた社員の声を元に、ペルソナを設定。以下の情報をペルソナへの「メッセージ」にして発信しました。

・金銭では得られないやりがいがあること
・この会社で勤務すると、こんなメリットがある
・前職や今までの経験は一切関係なく、会社の一員として新たなスタートを切れること
・入社後、どのような研修がどのくらいの期間があって仕事に就くか
・夜勤ならではの普段の生活の過ごし方

【After】

すると、1カ月目で15年間採用できなかった夜勤正社員の採用が決まりました。続いて2カ月目も応募があり、随時面接をし、3カ月目にはとうとう正社員は充足しました。

文字数や掲載期間の制限がないオウンドメディアだからこそ、自由に発信できた結果です。ペルソナを具現化し、求職者に「この企業が必要としているのは自分だ！」と思わせるくらいメッセージ性の高い情報を発信。オウンドメディア構築により、15年間にわたる採用活動に終止符を打つことができました。

成功事例7

看護師・介護士・薬剤師・栄養士、全職種で採用成功！

採用難地域×採用難職種でも一年間で35応募獲得した鹿児島県の病院です。

【Before】

作り込んだコーポレートサイトを持ちながら、コーポレートサイトからの直接応募に結びつかず、人材紹介会社からの紹介に頼っていた鹿児島県にある病院。人材紹介会社を使うと一人当たり80万円～120万円程掛かり、10名採用するとなると、800万円以上掛かっていました。

しかも、紹介経由で採用した人材は定着率は低く、「採用単価を抑え、病院の理念に共感した、長期間勤務してくれる人材を獲得する方法は無いか」と採用支援のご依頼を受けました。

【改善ポイント】

コーポレートサイトの中に作り込んだ求人情報がありましたが、求職者には見つけにくい場所にあったので、求人情報を独立させた求人専用サイト（オウンドメディア）を作りました。

・職種ごとに求人を分割
・勤務時間は、何時～何時までか
・どのような評価基準なのか
・どんなキャリアを描けるのか
・休日は1カ月に何日あるのか
・車通勤は認められているのか

などの、当たり前だが求職者が一番知りたい情報を、一つひとつ丁寧に記述しました。

系列のグループホームやリハビリテーション病院の求人も、当求人サイトに掲載することで、求職者が求人サイトを訪れた際の仕事の選択肢を広げ、同法人内で勤務してもらえるように誘導するサイト構造にしました。

【After】

その結果、看護師・介護士・薬剤師・栄養士の全職種で合わせて35応募を獲得し、採用を成功させることができました。

あとがき

本書を最後までお読み頂き、誠にありがとうございます。

現在、人手不足の企業は日本全国に数えきれないほど存在しております。

極々限られた企業だけが採用活動で成功し、その他の企業は人材獲得競争に敗れているのが現実ではないでしょうか。

既存の採用手法であるネット求人媒体では”以前”のように人材が集まらなくなったという声をよく耳にします。

では、多くの企業の社長様や採用担当者様の言う”以前”とは、いつぐらいの時期のことを指すのでしょうか。

私は、2017年ぐらいまでだと思います。

ちょうど2017年というと、株式会社リクルートホールディングスに買収された求人検索エンジンIndeedのCMが、日本で大々的に放映され始めた年でもあります。

既に、ネット求人媒体、人材紹介会社や人材派遣会社ではIndeedの知名度は高くありましたが、このころから、日本でも多くの求職者や一般企業でも急速にIndeedの知名度が上昇し、既存のネット求人媒体単体の集客力が弱まってきたように思われます。

今までは「欠員が出たらネット求人媒体に出せばいいや」「ネット求人媒体の料金の高いプランを使えばとりあえず人材の補充ができるだろう」くらいの感覚だった方も多いのではないでしょうか。

現在、そのようなひと昔前の採用手法では、人材を獲得することが難しくなってきています。

ほぼすべての国民にスマートフォンが普及し、気になることや分からないことがあれば手元のスマートフォンでネット検索をし、大抵のことは調べることができます。

求人情報も同様に、スマートフォン1つで自分に合った仕事を探すことができるようになりました。

その結果、求職者の仕事を探す目が育ち、肥えてきました。

ネット求人媒体が乱立する状況で、「自分に合った仕事があるのか」、「よさそうな仕事を見つけたのに、知りたい情報が載っていない」、「職場の様子や仕事内容を紹介する画像がパッとしない」

これでは仕事を探す目が肥えた求職者には全く刺さらず、応募につながりません。

ネット求人媒体では、文字数制限や写真の枚数制限により、会社の魅力や仕事のやりがいを100％伝えることができません。
求職者が真に求めている情報は、「この会社は自分が働くに値する会社なのか」「この仕事は自分に合っているか」「この仕事でどんなスキルを身に付けることができるのか」「どのくらいの給料を貰えて、どのくらいの休日があるのか」です。

なので、他社よりも大きい枠で掲載し、高い露出度で掲載すれば、人材を獲得できるという時代は終わりを迎えようとしています。

採用市場において、今までのやり方が通用しない「ゲームチェンジ」が起こっているのです。

これからは、オウンドメディアの時代です。自社が他社とどのように違うのか、どんな事業を展開し、何を大切にしているのかなどの情報を、「自社」で運用管理し、文字数や掲載期間の制限無く、オウンドメディアで発信することが重要となってきます。

その結果、より自社にマッチした、これからの会社の未来を担ってくれる可能性のある高付加価値人材を獲得することができるのです。

中小企業は多くの経営課題を抱えながら進んでいます。中でも人材の部分の課題は大きく、経営課題の大半を占めます。

松下幸之助の有名な”企業は人なり”という言葉の通り会社とは単なる箱であり、その会社の中で働く人材そのものが、会社の価値となります。

この本を手にされた方は、人材不足にお悩みだと思いますが、その他にも何かしらの経営課題をお持ちなのではないでしょうか。

経営の課題を、採用が直接解決するわけではありませんが、優秀な人材を獲得できれば、採用以外の問題も解決してしまうことがほとんどでしょう。

素晴らしい人材が会社で働いてくれれば、いろいろな経営課題が解決されます。「採用」こそ、企業の課題解決と成長のカギとなると私は考えています。

本書を通して少しでも採用が成功し、すばらしい人材との出会いがあればこれに勝る喜びはありません。

最後に、本書の執筆に際して協力してくれた株式会社カスタマ 吉川竜平さんをはじめ、社員の皆さん、いつもお世話になっているお客様の皆様に、心より感謝申し上げます。

著者紹介

石井 英明（いしい ひであき）

株式会社カスタマ代表取締役社長。1965年北海道生まれ。
専修大学商学部卒業後、新都心住宅販売、FJネクストで不動産販売の営業として活躍した後、株式会社ユネットへ入社、新規事業及び薬剤師採用活動を担当。採用難職種での人材採用の知見を深める。
2004年にインターネットによる介護用品販売と薬剤師人材紹介事業をおこないたいとの思いにより株式会社カスタマを設立。アナログからデジタルへの変換期に医療系の人材紹介事業を経験し、いち早くホームページによる人材求人サイトを自社で制作し運用し続ける。人材紹介事業で培ったこれまでの求人サイト制作ノウハウ・介護用品の通信販売で培ったWEBマーケティング等の実務経験を活かし、2018年より企業の採用支援事業を開始し数多くの企業の採用活動に貢献している。既存のネット求人媒体や紙媒体で採用活動が上手くいかない企業に対し、オウンドメディアリクルーティングを提案し、欲しい人材を獲得できるまで伴走しながらサポートをおこなっている。
また、採用難職種での人材採用の知見を活かし、医療機関や調剤薬局などの直接採用も支援している。

◎本書スタッフ
アートディレクター/装丁： 岡田 章志＋GY
制作協力： 種村 嘉彦
デジタル編集： 栗原 翔

●お断り
掲載したURLは2019年8月16日現在のものです。サイトの都合で変更されることがあります。また、電子版ではURLにハイパーリンクを設定していますが、端末やビューアー、リンク先のファイルタイプによっては表示されないことがあります。あらかじめご了承ください。

●本書の内容についてのお問い合わせ先
株式会社インプレスR&D　メール窓口
np-info@impress.co.jp
件名に「『本書名』問い合わせ係」と明記してお送りください。
電話やFAX、郵便でのご質問にはお答えできません。返信までには、しばらくお時間をいただく場合があります。
なお、本書の範囲を超えるご質問にはお答えしかねますので、あらかじめご了承ください。
また、本書の内容についてはNextPublishingオフィシャルWebサイトにて情報を公開しております。
https://nextpublishing.jp/

●落丁・乱丁本はお手数ですが、インプレスカスタマーセンターまでお送りください。送料弊社負担に てお取り替えさせていただきます。但し、古書店で購入されたものについてはお取り替えできません。
■読者の窓口
インプレスカスタマーセンター
〒 101-0051
東京都千代田区神田神保町一丁目 105番地
TEL 03-6837-5016／FAX 03-6837-5023
info@impress.co.jp
■書店／販売店のご注文窓口
株式会社インプレス受注センター
TEL 048-449-8040／FAX 048-449-8041

OnDeck Books

Googleしごと検索×オウンドメディアの活用法
広告費ゼロの求人サイトの作り方

2019年9月6日　初版発行Ver.1.0（PDF版）

著　者　石井 英明
編集人　桜井 徹
発行人　井芹 昌信
発　行　株式会社インプレスR&D
〒101-0051
東京都千代田区神田神保町一丁目105番地
https://nextpublishing.jp/
発　売　株式会社インプレス
〒101-0051　東京都千代田区神田神保町一丁目105番地

印刷・製本　京葉流通倉庫株式会社
Printed in Japan

ISBN978-4-8443-7822-8

NextPublishing®
●本書はNextPublishingメソッドによって発行されています。
NextPublishingメソッドは株式会社インプレスR&Dが開発した、電子書籍と印刷書籍を同時発行できるデジタルファースト型の新出版方式です。 https://nextpublishing.jp/